立人天地

先祖的生活

饮食

舌尖上的文化

孙波·著

黑龙江教育出版社

序 言 | PREFACE

对于世界来说，中国的logo是什么？

答案大抵如是：丝文化、玉文化、茶文化、饮食文化。

值得一提的是，各文化之间，并非茕然孑立，而是互相交错，互相渗透。

以丝文化为例，丝为蚕所生，蚕为桑所养，桑为农所成。如此一径而至农耕，丝中含食矣。

玉文化中，亦含食。茶圣陆羽说，“越瓷类玉”。其实，不仅越瓷如玉，其他瓷器之品、之性，也都是拟玉的，而瓷杯、瓷碗、瓷碟等，恰恰又为食之具。

茶文化与饮食文化，是从同一个根系出发而后扬枝散叶的。起先，二者密若“母子”——茶为分子，食为分母；后来，它们亲若“知己”——伴行而独立，丝缕缠绕，无有断绝。

每一种文化，都是汹涌澎湃的，却又自有一脉潜流，可奔流至食，归于食。可见，饮食当真为“性”也（食色性也），为“天”也（民以食为天）。

那么，在这个世界上，还有什么能比“性”更本真、比“天”更广阔的呢？

饮食之重要，可见一斑。

中国的饮食文化浩浩荡荡，卓尔不群，许多蒸煮炒炸的技艺，都创造了世界第一乃至唯一。

进食是一种生命本能，古人把这种本能诠释得活色生香。早在40多万年前，就构筑出了原始的厨房。

在4000多年前的密林中、黄河边，古人还制作出了金黄的面条，犹如今天的拉面。

商朝时，王宫中有了烤肉串；西周时，野生蜜成为时尚美食；春秋时，楚国人爱吃“青铜冰箱”冻过的酸菜。

至汉朝时，古人几乎有了我们现在所吃的各种面食。一天吃三顿饭的食制，也被固定下来。

中国古人还创造了一个饮食史上的里程碑：炒菜。汉朝人在吃韭菜炒鸡蛋时，外国人还不知“炒”为何物。

自然，当魏晋名士在野外涮羊肉、涮兔肉时，外国人也不明白火锅是什么。

宋朝的市井繁华，更是冠绝全球，还有了外卖，并有灯火辉煌的夜市。

需要注意的是，快餐并不是外国的专利，早在宋朝时，中国古人就有了这种发明。

作为一种综合性学问，中华的食学，不仅先进，且更独特。

自古以来，有人称饮食为进餐，有人称饮食为吃饭。进餐与吃饭，俨然堂上与堂下，其实，都是雅事。

饮食因子渗透在社会生活的每个方面，强大地支撑着人类的生存发展。谁敢说，自己走的每一步离得开饮食的推动呢？谁敢说，每一段历史，每一种文明，不是以饮食为屐的呢？

因此，吃饭不仅不俗，一部食史还堪称一部民族精神史诗。

一碗一筷，看似微末，却深蕴着优雅的审美、知行合一的情趣。

一食一饮，看似寻常，却是人性的徐徐绽放、有序的生命积累。

纵观中华饮食，历史是过去的，视界是现在的；味道是中国的，文化是世界的。

那么，我们何不踏着逶迤的食迹，进入古代饮食史，看看它是怎样的精彩绝伦，怎样的惊涛拍岸。

目 录 | CONTENTS

第一章——遥望太古

第二章——夏商遗味

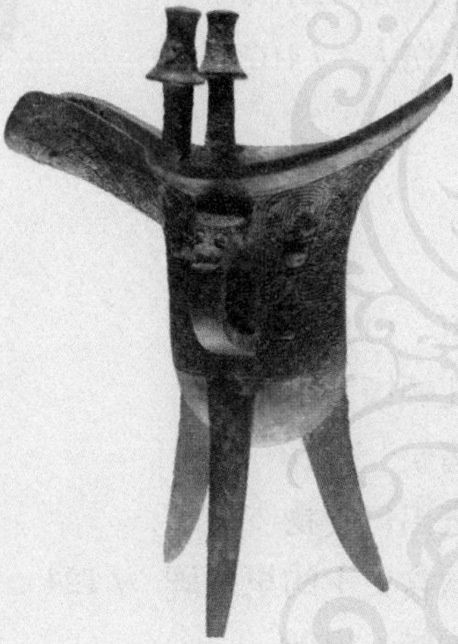

第三章——周朝食礼

第八章——明清食序

第一章

遥望太古

进食是一种生命本能。在遥远的上古，环境恶劣，生活艰辛，人类和其他动物一样，都要从大自然中寻觅自然形态的食物和饮料，以填饱肚子。先民们先是吃生食，然后，又开始吃熟食（这使人类能够最终主宰地球）。之后，植物和动物被种植、驯化了，在40多万年前，厨房的雏形也出现了。

◎吃肉是件苦差事儿

在500万~100万年前，在幽深的原始森林中，有一群南方猿人心惊肉跳地生活着。

周围到处都是猛兽虫蛇，风雨雷电又不时来袭，这些束手无策的先人们，内心恐惧，惶惶度日。

幸好，他们的手进化得不错，已经和现代人相近了。这让他们能够尽力和动物搏击，并采食植物、野果。

时光如流，一年一年，一代一代，北极冰川不断地向南延伸，原始森林逐渐减少，植物性食物出现了短缺。

怎么办呢?

先人们愁思苦想，茫然无法，只好去捕捉小鸟、小兽。

从食素到食肉，这个过程是被迫的。对于先人们来说，吃肉并不愉快，而是一件苦差事儿，因为当时还没有火，

▶麋鹿是远古人类常捕食的动物，图为远古人刻下的麋鹿岩画

东西都要生吃，这种连毛带血地生吞活剥，很倒胃口。

而且，由于营养不良，先人们的体魄不够强壮，个头不够高大，捕捉活兽很困难，总得吃动物尸体。而腐尸腥臊恶臭，含有细菌，吃下去会得病。

有时候，即便捕获了活兽，但由于他们的牙齿不够坚固，咀嚼起来很费劲儿，勉强咽下去后，又不易消化，难以吸收。

先人们痛苦极了，不知道怎么才能改变现状。

岁月荏苒，又是几代人过去了。

有一天，这个群落的后代聚在一起，制作简单的工具。有的人拿着石头又敲又磨，有的人拿着木头使劲儿地往地上钻，火星不断地闪烁着，非常耀眼。

▲新石器时代，原始人保留火种的火种罐

由于到处都是杂乱的干草、小树杈、植物纤维等，火星蓦地引燃了这些东西，熊熊燃烧起来。这让先人们感觉分外惊奇。

不久，天要下雨，雷电噼啪作响，引起了森林火灾。他们很恐惧，挤在一起凄惶地躲避着。

大火熄灭后，他们偶然发现，一些野兽被火烧死了。带着一种好奇心，他们捡起来一尝，肉竟然很好咀嚼，味道也很香！

他们高兴极了，想到制作工具时能引出火星，便开始用石头打火，引燃芦絮或干草，然后拿着生肉在篝火上燎着吃。

虽然燎过的肉食还很粗糙，但人类最原始的烹饪技术——烧烤，就这样诞生了！后世的一切烤肉，都是由此发展起来的。

在漫长的摸索中，人类终于懂得了用火烧东西吃，这是一个重大飞跃——人从此区别于动物！茹毛饮血的饮食方式，从此成为过去！

更重要的是，从生食到熟食，人的生理结构被改变了。

▶原始人刻在崖壁上的野兽图

人的脑髓得到了更多的营养，脑容量增加，一代代的人，因此而完善，成了高于其他动物的地球主宰。

由于火软化了兽肉的厚皮、结缔组织，使其容易吸收，人的寿命也因此延长了。

在此之前，古人整日都在寻找吃的东西，根本没有时间去发展脑力，人类的进步极为缓慢。而火的发明、熟食的发明，则使社会开始发展了。

扩展阅读

古籍中记载，上古时，人少兽多，人打不过兽，只能吃腐尸或生蛤，肠胃因此受到伤害。有个圣人便钻木取火，教人烧烤，此人就是燧人氏。其实，取火用火是古人集体发明的。

◎驯野兽，驯植物

在170万年前，云南的古人——元谋人，深居荒山。为糊弄嘴巴，他们除了吃种子，还吃根茎、叶枝，偶尔也去落叶下翻找昆虫吃。

在50万年前，北京的古人——周口店人，穴居山洞。他们折来紫荆木的树枝，烧烤犀牛、大熊猫、猕猴、剑齿虎、鸵鸟、猎豹等兽肉吃。他们在一个专门的石灰岩块上烧烤，就好像厨房一样。

在10万年前，陕西的古人——大荔人，临水而居。他们跑到渭水里、洛河里，去捕捉鱼鳖虾蟹吃。

在6万年前，山西的古人——丁村人，也是傍水生存。近旁的汾水中，生长着0.7米的鲤鱼、1米的青鱼、1.5米的鲇鱼，这些野生的生物，为他们提供了能量。

不过，史前人类最常吃的，还是鼠类。这是因为鼠繁殖快，数量多，又好捉，鼠洞中还藏着能吃的植物籽粒，所以，先人最爱捕鼠吃。

▼古人类遗址出土的稻谷堆积层

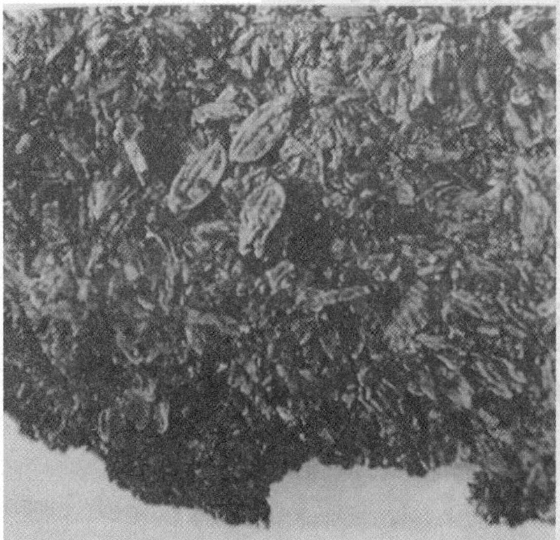

然而，无论是鼠类，还是其他兽类，都是活物，既生猛，又灵活，先人并不总是能捕捉到。即便侥幸猎获了很多，但天热易腐，很快也就烂掉了。这样一来，先人们总是挨饿。

于是，拥有充足的食物，成了先人们的梦想。饥饿难耐中，他们甚至创造出了这样一个神话：天地间，生出一种美味之兽，名叫“视肉”。视肉很神奇，吃掉多少，就能长出多少，怎么吃也吃不完。视肉

▲原始人用陶制作的狗

▲原始人制作的陶鸡，栩栩如生

▲原始时代的石鹅、石猪、石牛等

还不腐不烂，能够保存。

视肉这种东西，并不是胡乱编造出来的。有一种蘑菇，名叫肉灵芝，也叫太岁，是一种黏菌，的确有自我修复能力。先人们梦想的视肉，大概就是根据这种蘑菇演变出来的。

这个神话显示出，先人们着实饿得很苦，着实渴望吃饱。

对吃的渴求，让先人们对动物、植物格外地留心起来。渐渐地，他们注意到，花开的时候，动物在交配；叶落的时候，植物会枯萎。

由此，他们发现了动物的生命节奏、植物的生长规律。

这是一个伟大的发现，因为他们根据这种规律，开始了对动植物的驯养栽培。

他们想，那些吃不完的野猪、狼、山雉等，若是扔掉，会很可惜，不如把它们驯化了，让它们活着保存起来，等自己挨饿时再吃。

于是，猪、狗、鸡等便被驯化出来了。

他们又想，狗尾草的籽多，生命力顽强，哪怕无雨，也一茬一茬地结籽，若是培育了，一定能充饥。

于是，粟便被培育出来了。粟，就是谷子。

他们还培育了山羊草、鹅观草等。这些植物，与小麦的亲缘最近，是原始小麦。

同时，水稻也被培育了，原因是：它能一年收三季。

先人一向饮食艰难，因此，在决定哪种植物是否要培育时，第一标准往往是——产量；之后才顾得上嘴巴的感觉——味道如何，口感如何；最后才考虑劳动强度——身体是否吃得消。

无论是驯养动物，还是培育植物，都不容易。

◀用石头磨制而成的厨刀

先人们要花费大量心血，才能从千百种中选出来几种。之后，还要经过几代人的努力，不断地择优、变异，才使这个世界上有了养殖业、种植业。

而这些努力，却早在1万年前的时候就已完成了。

扩展阅读

史前人类吃的水果和坚果有：桃、杏、梅、枣、葡萄、樱桃、柿子、山楂、甜瓜、橄榄、栗子、核桃、榛子、松子、槐树籽、榆钱等。其中，大部分植物都被栽培了。

◎长脚的锅

这是新石器时代的一处丛林，几名女子正在干活。

她们围着一块石板忙活着。石板为椭圆形，上面有一根短棒。

原来，这是一个石碾盘。

她们把麦子放到石盘上，然后，拿起磨棒，使劲儿推擀。

在重力下，麦子脱壳、碾碎了。

她们累得满头大汗，但非常高兴。由于麦粒的皮很硬，不爱软烂，吃后难受，而石碾盘把它磨碎成粉，就可以让她们吃得舒服了。

碾盘的问世，标志着专用制粉工具的产生，促进了饮食的发展。

▼石头制成的碾盘和碾棒

碾麦后，女人们歇了一会儿。野地上，有一个用石头挖出的小坑，里面储存着水。为了防止渗漏，小坑里还铺着树叶和小树枝。

女人们用手捧水，喝了几口，然后，便去做饭。

火的发现与使用，不仅让人类吃上了熟食，还让人类拥有了炊具——古人在用火时，无意间发现，被火烧过的黏土会变硬，不变形，碰到水也不融化，还能盛东西。古人来了兴致，不断地探索，制作出了煮饭用的陶器，为烹饪技术带来了第一次飞跃。

当下，女人们摆出了陶制的鬲、鼎，躬身忙碌起来。

鬲，是有足的锅，三个足都是空心的。鼎，也是有足的锅，但三个足是实心的。

这些“长脚”的锅，各有其用途。鬲，是用来煮粥的，而谷物较轻，空心足既能承受，又能加大受热面积。鼎，是用来煮肉的，肉很沉，必得实心足才能支撑得住。

麦子被女人们放入了鬲中，貘肉也放入了鼎中。由于麦子磨得很多，鬲中放不下，于是，有人又拿来了釜。

釜，是没足的锅，很不起眼，但一样实用。它和鬲一样，被盖上了盖子，用火加热。

这是兴致勃勃的一个下午，又有人拿来了甑，

◀鼎，小口，鼓腹，精致好看

◀鬲，陶制，上有蛇纹

◀釜，带有盖子，盖上也能放食物

▲甑，足上有生动的大象纹

欢快地大声呼喊着，想要蒸些东西吃。

甑的模样，颇似陶盆，底部有许多小孔，和现在的笼屉很像。

在这些炊具发明之前，人类用火做饭时，都是直接燎烤。也就是，把麦穗放在干草堆上，点燃干草，等谷粒自然脱壳，落到灰烬中，然后，再拨开灰，取出米，用手使劲儿搓，再把灰吹去，咀嚼米。这样的饭，半生不熟，虽有香味，口感却很差。有时候，还会烧焦。

而在炊具发明之后，人类才算真正走入了熟食时代。

扩展阅读

母系社会中，只有年长、有威望的女性，才能掌管炊事。她们演化为神话中的饮食之神——灶王。周代，灶王为红衣美女形象。至汉代，为凸显威严，改为男子形象，即今天的灶王爷。

◎4000多年前的面条

4000多年前，在青海的一片苍莽土地上，生活着一个很大的部落。

三四月间，野杏花簇簇盛开，山风吹来，簌簌而落，犹如天雨。

大风过后，天气似乎有些阴晦，但部落成员没有在意，在花香中开始了劳作。

不远处，就是黄河上游。河水奔腾，发出很大的声响。

一些人取用泥巴和火，烧制陶器；一些人剥出动物的骨骼，制作器皿；一些人则埋头磨制玉石。

在他们身边，放着一些制好的玉璧、玉环、玉刀、玉斧、玉锛等。

有人很欢欣，搬出他们的石磬，敲击起来。石磬发出清纯、悦耳的音律，使得气氛更加愉悦了。

没有人注意到天色的变化。他们沉浸在各自的活计中，觉察不到危险即将到来。

在忙碌中，一些女人还在制作索饼，要用于祭祀。

这个部落的人，不仅能人工培育苜蓿，还种了一些粟（谷子）。女人们便用粟制成了索饼。

索饼，就是索面，也就是最早的面条。

女人们把面条抻长，约有50厘米，直径0.3厘米。她们

▼收割粮食作物用的石镰、石锤、石刀、石斧等

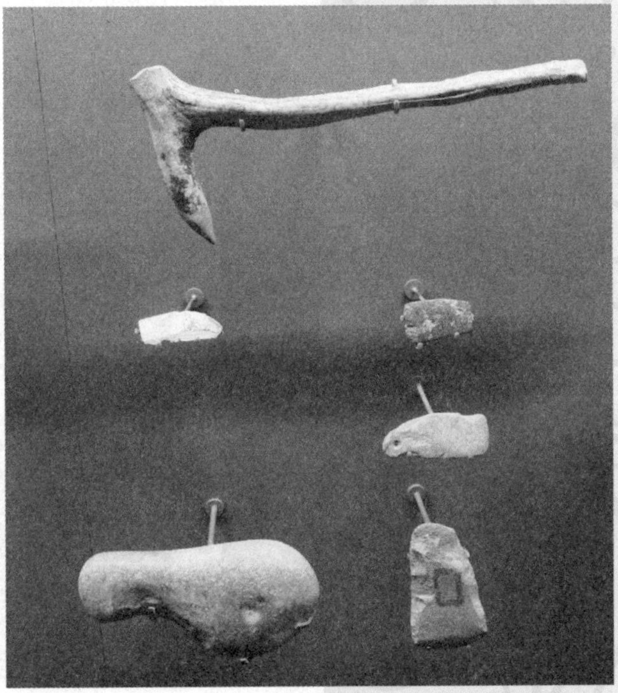

手法娴熟，面条粗细均匀，颜色鲜黄，和现在的拉面差不多，非常诱人。

接着，她们取来一个红陶碗，把面条放了进去，准备供奉先祖神灵。

就在这时，灾难发生了。

一场大地震遽然而来，刹那间，山摇地动，树木仆倒，杏花成泥；地面剧烈起伏，仿佛波浪翻涌，旷野裂开了可怕的大缝。

更为恐怖的是，地震使黄河水泛滥，巨浪滔天，凶猛地翻滚而来。

部落成员骇然失色，纷纷逃跑。

男人们力气较大，行动相对迅速，多数都跑到了高处。另有一些男人原本在山上采矿石，侥幸避过了劫难。

大多数女人和孩子们因逃离不便，在惊慌中，躲进了类似窑洞的简陋建筑。

有一个半地穴的窑洞中，跑进去了14个人，有10个孩子，4个大人。他们挤在一个圆形灶坑旁，身边是一堆凌乱的半成品的土陶、石料、玉料等。

▼可爱的陶谷仓，形似帽子

▶用陶土捏制的厨人

◀青海遗址出土的索面，历经4000多年，颜色仍金黄

然而，这种躲避无济于事。洞穴开始坍塌，乱石纷纷地坠下来，洪水也越来越近了。

一个母亲蓦地跪下，紧紧抱着两岁的幼儿，无助地安抚孩子。

眼见死亡就要来临，其他人也都害怕得浑身颤抖。有人含泪乞求上苍，有人用双臂抱住自己，有人弯腿缩身侧卧，有人匍匐在地上，不敢抬头……

绝望，恐惧，瞬间袭击了他们。在整个世界上，没有一人能帮助他们。他们只能忍受着，撕心裂肺地哭喊着，眼巴巴地等待着。

一刹那，一切都过去了，他们再也见不到阳光了。

那碗金黄色的面条，也被掀翻了。但面条比人幸运——碗倒扣下来，把面条封闭住了，面条竟然保存了下来。

4000多年后，当它被发现时，它依旧保持着原始的卷

▲陶制的灶台

曲形态，虽然只剩下一层蝉翼一样薄的表皮，但金黄的颜色还很耀眼。

面条的发明，始于面食的出现；面食的发展，则始于周朝。

从远古到周朝，古人的面食技术有了提升。他们把麦子磨成粉，制作出了更精细的饼（面条），使面食能够与粥饭平分秋色了。自此，北方人开始主要吃面食，南方人开始主要吃米饭。

到了汉朝，面食迎来了黄金时代，汤饼无处不在。汤饼，就是在沸水里煮熟的面条。

朝廷中，设有少府的机构。少府中有一个官职，叫汤官，就是负责下面条等事务的。

自此，中国也成了“面条的创始国”“吃面的民族”。麦文化，也得以奠定。

古人吃面条时，平民水煮，权贵锅蒸。蒸的面条，也叫蒸饼。

此后，古人又发展出了擀面、切面、抻面、刀削面等。迄今，这些面条仍在饮食领域大展雄风。

扩展阅读

先秦时，青铜炊具的制作已非常奇巧。古人制成圆形的盘、盒，放在一个青铜壶里。壶上刻有凤鸟，转动鸟头，壶便开启，露出里面的炊具。这种青铜饭盒极为罕见。

第二章

夏商遗味

中国第一个奴隶制王朝——夏朝建立后，历史迈进文明的门槛。统治阶级逐渐形成，开始自觉追逐美味，于是，职业厨师出现了，第一种不同于自然风味的食物——酒，也大行于世。但由于生产力还很低下，古人对饥饿还是充满恐惧，因此，贪吃被视为一种重大罪行。

◎第一位厨师

幽深的树影中，山风吹起，蝴蝶忽聚忽散，有一个人静静地走着。

那是彭祖。

彭祖是遗腹子，还未出生，父亲就死了。等他出生后，母亲孤苦一人抚养他，谁知他刚满三岁，母亲又病逝了。

命运多舛，生活艰难，让彭祖对吃食格外用心。

长大后，时逢山戎作乱，战争迭起，彭祖不得不离开家园，流离失所，一路流浪，来到荒僻的西域沙漠。

当他再度回到中原时，已经沧海桑田。

之后，他又屡次遭遇打击，接连失去了妻子、孩子。

彭祖原本生性平和，现在更不好名利了。他愈发随意、旷达起来，对俗尘世事丝毫不放在心上。

他只专心于修身养生之事，常独自到山中采集云母等药料，以此制作饮食。

▶樽放在盘上，旁有一勺，陶制，可盛羹汤

他把云母碾碎，又把水桂、麋角也制成粉末，然后，掺在一起，酌量吃下去。这让他身体健硕，颇有神采，尽管年岁很大了，也不见老态。

就在彭祖专研补导之术时，尧生病了。

尧身为帝王，日理万机，政务繁重。他既要顾及部落发展，又要保护部众安全，

◀庖厨图，女子用热水烫除鸡毛

还要治理水灾，结果，积劳成疾，卧病难起了。

接连数日，尧都滴水未进，生命危在旦夕。彭祖听说后，连忙赶去王廷，意图以食疗的方法挽救尧的生命。

彭祖根据自己的养生之道，做了一道“雉羹”。在这碗浓稠的野鸡汤中，彭祖精心地加入了“木果籽”——茶籽。

平时，彭祖自己也常吃茶籽，以保养身体。

雉羹做好后，侍从端去呈给尧。由于香气四溢，尧还没看到汤羹，就闻到了气味，竟然翻身起来了。

尧的食欲被激发起来，汤羹被吃得一干二净。

第二天，尧在睡醒后，容光焕发，病态皆无。

此后，尧几乎日日都吃“雉羹”，虽然依旧忙于政事，却再也不生病了。

尧心下大悦，把彭城封给了彭祖。

彭祖推辞不得，只好接受。但他依旧为人淳厚，穿戴朴素，并且一如既往地沉默寡言，不凑热闹，不好夸耀。

彭祖潜心修道，最终，到武夷山隐居去了。

虽然远离了红尘，但彭祖创制的“雉羹”却流传了下来，成为典籍中记载最早的名馔，被誉为“天下第一羹”，彭祖本人也被视为第一位职业厨师。

夏朝开创后，统治阶级逐渐形成，开始追逐美味，由此，专业的厨师产生了。彭祖因此受到火热的追捧，被尊为“庖厨之祖”。

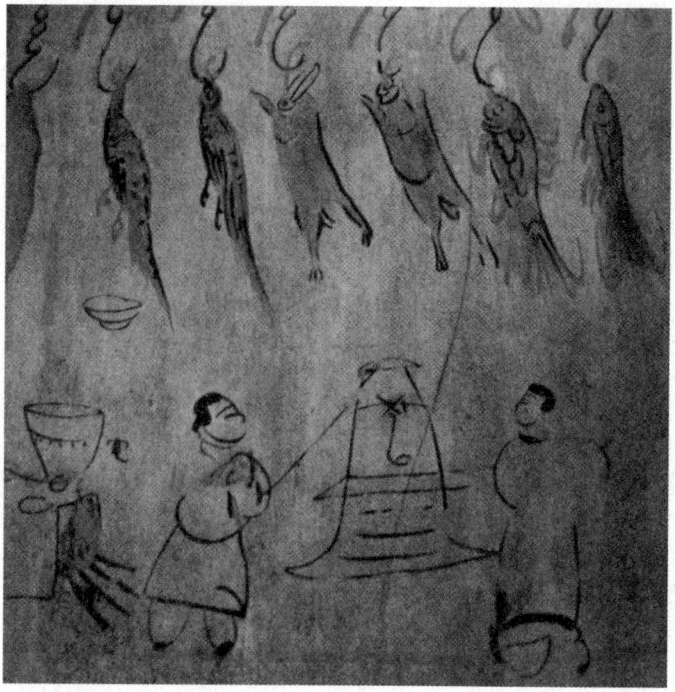

▶庖厨图，厨内挂有准备煮食的野鸡、野兔、鱼

其实，彭祖在历史上的影响，远不止于此。夏朝之后的孔子、庄子、荀子、吕不韦等名人，也都对他推崇备至。

任何一种文化的形成，都来自社会需要，饮食文化也是。一旦有了强烈的吃喝需求，饮食文化便萌芽了，厨师自然也应运而生。而这其中，也有彭祖的一份功劳。

扩展阅读

《黄帝内经》是中国最早的医学文献，书中提到，人不可偏食，若一味贪吃某种食物，就会因此味过多伤到肺腑。这是有道理的，因为每种植物都有偏性，过多则伤身。

◎鼎的奇迹

禹是黄帝的玄孙，出生在四川，刚至幼年，就跟随父亲向东迁徙，来到中原。

禹的父亲，名叫鲧，颇识水性，受到帝王尧的赏识，封给了他一块地，一家人生活得很安乐。然而不幸的是，洪灾来临了。

泛滥的大洪水滚滚肆虐，百姓生存困难，愁苦不堪。尧忧心忡忡，召来鲧，命鲧治理水患。

鲧受命而去，使用了“障水法”，即在岸边设置河堤，阻挡洪流。

然而，水势凶猛浩荡，河堤根本挡不住，一旦决堤，冲毁更为严重，许多人都被淹没在巨浪中。

九年后，帝王都换为舜了，洪水却还在翻滚。

舜日夜不宁，在急怒中，把鲧流放到荒僻之野，任其死去了。之后，舜任命禹为司空，继续治水。

禹见父亲死了，悲痛不已，但一想到百姓都在受苦受难，便忍住悲恸，即刻赶去治水。

他没有贸然拦阻洪流，而是日夜奔走，考察、勘探各处的地形、地势等。

▼天子规格的“九鼎八簋”

▲饰有螭纹的鼎

►此鼎有繁复精致的图纹，附有一勺，为尊贵礼器

风餐露宿，雨雪无阻，禹风尘仆仆，两腿裹着烂泥，辛苦至极。但他从未退缩，几乎走遍了天下，终于对山形水势了如指掌了。

据此，禹制定了新的治水方略。

他将天下分为九个州，然后，分别治理每个州的土地，接着，以疏通之法，导引洪水，使其避开人的居所，奔泻到海洋，沿途浇灌土地。

禹拿着准绳和规矩，亲自参与劳动，披星戴月，吃穿简单。

经过一番艰辛努力，洪灾终于平复了，大地恢复了宁静。

舜非常宽慰，后来便把帝王之位禅让给了禹。

禹得到了天下的拥戴，也很欣慰。但他仍然简朴，宫室很小，陈设简陋，衣裳也不挑剔。他把精力都放在发展生产上。

禹居住在阳城，立国号为“夏”。他结束了原始时代的部落联盟，创造了“国家”。这种新型的政治形态，使文明代替了野蛮，历史步入了华彩的新篇章。

之后，禹召开涂山大会，诸侯们纷纷赶来，为表示敬意，献上了青铜。禹将青铜铸造成了九个大鼎，象征九州。

鼎，在原始社会就有了。原始人制作的陶鼎，粗糙、活泼，充满稚气。禹的九鼎，则精美、细致，上面铸有各州山川、禽兽等，庄严肃穆。

鼎为食器，禹之所以要制鼎，是因为当时生产力低下，饮食是头等大事，关系到人的生死；另外，一个鼎可重800多斤，九个鼎重7 000多斤，能够强有力地显示禹掌管了天下人的饭碗，显示出禹为九州之主的身份。

九鼎制成后，用来煮猪肉。可是，鼎足大底厚，被火烧时，受热不均，青铜中的锡还会融化、流淌，使鼎损坏。

◀庄严的青铜兽纹鼎

古人不懂得其中的科学原理，把这种现象看作不祥，于是，就不在鼎里煮肉了，而是用镬煮肉。等肉熟后，再捞出来，放到鼎里。

自此，鼎不再是炊具，而是容器了。

◀带有花形足的扬鼎，轻巧漂亮

鼎成了豪华的摆设，只在宏大宴席，如招待贵宾、祭祀祖宗时，方才露脸，极为贵重、庄严。渐渐地，鼎开始象征国家或权力了。

至此，鼎不再是食器，而是礼器了。

到了商朝，青铜鼎的造型更为凝重。鼎上

▲用于盛肉羹的鼎、勺

▶带有开口的敦实铜鼎

的图纹，逐渐变得狰狞、恐怖，神秘莫测。

之所以如此，原因在于：拥有鼎的人，在列鼎而食时，会更有威仪感、力量感，心理上会得到满足；而没有鼎的人，在看到鼎时，则会产生威慑感、重压感，从而臣服于鼎的拥有者。

鼎的象征意义，在此时也更加浓厚了。礼制规定，天子有九个鼎，另有三个陪鼎。诸侯有七个鼎，大夫有五个鼎，士有三个鼎。

鼎，从一个饭锅起家，发展到国之重器，其历程极有意趣，显示了古人对饮食的重视程度。

扩展阅读

禹，是鲧的儿子，正式开创了中国第一个朝代：夏代。启即位后，攻打叛乱者，把俘虏罚做“牧竖”，即牧养家畜的奴隶。这说明，夏代的家畜规模已经非常之大。

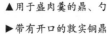

◎鳞蛇与酱

夏朝开创后，代代绵延。到了第十四代的时候，出现了一位离奇的君主——孔甲。

彼时的世界，在孔甲眼里，已经非常不错了。他有数不清的牲畜，还有数不清的奴隶。这些“会说话的工具”，每天忙碌着放养牲畜，让他饮食无忧。

孔甲继位后，对祖上很敬服、孝顺，因此，被赐予了四条龙，两雌两雄，分别来自黄河和汉水。

其实，世上并无真的龙，这是巨大的鳞蛇一类的动物，行动迅疾，充满力量。

孔甲收下了龙之后，很高兴，但不久又愁闷起来，因为他不懂得如何饲养。当时倒有一个专门的养龙家族（驯兽之家），名豢龙氏，但豢龙氏四处流浪，行踪不定，一时找不到。

孔甲左思右想，猛地想起，陶唐氏的后代中，有个人叫刘累，此人曾向豢龙氏学过驯龙。

于是，孔甲召刘累前来，担负养龙的任务。

由于陶唐氏已经衰落，风光不再，刘累一听能在王宫出入，便满口应承了。

刘累专心养龙，小心地侍奉孔甲，这让孔甲很满意。

孔甲不断地嘉奖刘累，最后，刘累被封为御龙氏，有了自己的封地。

刘累意气风发，腰杆也直了。然而，不巧的是，有一条雌龙染了病，很快死了。

▼彩绘陶器，可用来煮肉酱

刘累又惊又怕，担心被治罪，一时不知如何是好。

他关上门，想了又想，然后，偷偷地把龙剁成了肉末，制成了肉酱，献给孔甲。

在夏朝，肉酱已经不是稀罕的食品了。古人起初并不知酱为何物，只发现盐能保鲜、防腐，于是，便用盐来腌植物，制成腌菜。接着，他们又制作出了微盐的发酵食物，从此酱才出现了。古人把肉剁碎，去除多余的水分，然后加入盐，又加点儿酒，将其放在大瓮里，用泥巴封住瓮口。一百天后，酱就出世了。“酱”（繁体字为“醬”）这个字，由“酉”和“肉”构成，也是出于这个原因。

孔甲生活的年代，肉酱很受欢迎。因此，当刘累把肉酱送来后，孔甲津津有味地吃了起来。他感觉味道很鲜美，内心欢喜，于是对刘累更加满意。

刘累暂且逃过了被问罪的一关，稍微放松了一些。

可是，没过多久，孔甲不经意想起了那几条龙，又让刘累带来给他看。

刘累心里害怕，只得连夜逃跑了，一直逃到河南的鲁山。

孔甲无可奈何，只好另寻驯龙之人。这一次，他找到了一个真正的高手，名叫师门。

师门将龙养得精神抖擞，生机勃勃，神采不凡。

▼彩绘陶盒，可盛装食物

孔甲大喜，常去探望，不时地说东道西，指手画脚。

师门性情耿直，总是直截了当地指出孔甲的观点不对。

起先，孔甲勉强忍耐下去。后来，他见师门还是口无遮拦，不禁恼羞成怒，下令将师门杀了，尸体埋到凄寒的荒野中。

▲猪肉酱是古人的常食，图为杀猪画像砖

师门无罪而死，让百姓起了怨言。孔甲自己也内心不安。

不久后的一天，天降大雨，还伴随着狂风，树木被刮倒。待雨停后，森林中又燃起大火，火势熊熊，惊心动魄。

孔甲坐立不安，暗中以为是师门的冤魂在作祟。于是，他乘上马车，前往野外祭祀、祈祷。

当他返回时，在半路上，不知为何，竟悄悄地死在车中了。

孔甲的人生，就这般诡异地终结了。

有夏一代，共有17位君主，但很少被详细记录到史册上，而孔甲却被隆重地记载了下来，其主要事迹中的用龙肉做酱的一节，更是被后世一再转载、引用。

肉酱是文明之初古人最重要的食物之一，不仅受到夏朝的天子偏爱，到了周朝，仍是天子离不开的东西。

仅是周天子一人，就有肉酱60~120瓮，排场惊人。

在制作肉酱这件事儿上，周朝人可谓绞尽了脑汁。他们的目光，几乎瞄向了所有的动物，但凡能够制成酱的，一样也不放过。

周朝不仅有猪酱、牛酱、鹿酱、兔酱，还有鱼酱、螺酱、蛤酱、虾酱、鱼子酱，更有蚂蚁卵酱、大雁酱等。

▲染器，青铜所制，用于盛酱

▶四个连体的陶罐，可装酱或其他调料

周朝及之前的肉酱，都带有一丝酸味。进入汉朝后，汉朝人喜欢用大豆制酱，味道便变得醇香了。

到了汉末，米酱、甜酱、辣酱、糯米酱、梅酱、豌豆酱、芝麻酱、玫瑰酱、八宝酱等，都已问世。

酱，调剂了古人的生活，地位举足轻重。它把古人的想象力、创造力，充分地彰显了出来。

扩展阅读

葵，是古人在采集活动中发现的，被称为“百菜之主”。古人只采葵叶，不伤葵根，以确保葵继续生长。葵可制羹、腌菜、晒菜干，但葵变异性窄，竞争不过白菜，宋朝时沦为药用。

◎在酒中划船

第一种人工制造的食物是什么呢？

答案是：酒。

酒，是第一种不同于自然风味的食物，在6000多年前就问世了。

当时，有原始人发现，剩饭剩粥放久后，会散发出一种浓重的味道。他们不知这是发酵导致的酒味，只觉得很诱人，便制作了瓮、滤缸等，开始造酒。

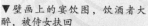

▼壁画上的宴饮图，饮酒者大醉，被侍女扶回

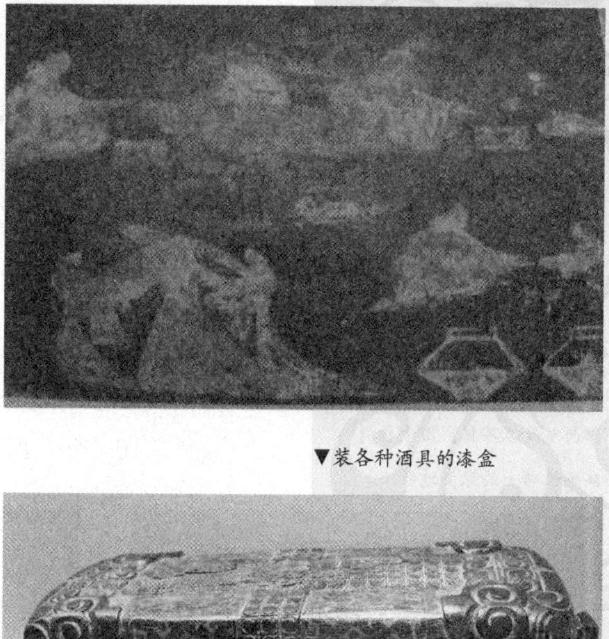

不过，由于原始人更多的时间都在用来对付野兽，因此，造酒活动很少，时断时续，时有时无。

到了禹的时代，禹有一个掌管饮食的大臣，叫仪狄。仪狄是个女子，非常能干，总是勤苦地劳作，并认真琢磨，探索新的味道。

▼装各种酒具的漆盒

一日，仪狄做了桑叶包饭，由于搁置了很长时间，食物发酵了，散发出浓酽的味道。仪狄不禁留意了。

她心有所动，决定利用发酵法，制作新的饮食。

她取来糯米，使其发酵，然后，得到了一种汁液。这种汁液清凉、温软、甘甜，饮之可口。汁液里，还沉淀着渣滓，洁白、细腻、稠厚，吃起来也很有滋味。

这就是酒和酒糟。

仪狄把酒献给禹，禹饮下后，大感快意，心情愉悦。

很快，酒便蔓延开来了。

夏朝末年，桀为君王，几乎到了嗜酒如命的地步。

桀本来文武双全，但年纪大了以后，却暴虐荒淫起来。他大筑宫室，搜罗美女，日夜狂饮、作乐。

在王宫中，桀修造了一个池子，规模十分庞大，里面倾入了美酒。酒水浩浩荡荡，“酒浪”连绵起伏，竟然可以行船！

桀让宫女划船，在酒海中一边喝，一边徜徉。若发现有不情愿的宫女，立刻杀死。

宫女们战战兢兢，不敢不喝，醉得东倒西歪。许多人都掉到酒中，溺死了。

几位大臣觉得实在不像话，纷纷前来劝谏。桀听了，大为生气，将大臣也杀掉了，然后，继续狂喝滥饮。

桀渐失人心，很快便众叛亲离了。

公元前1600年，商族人前来讨伐，桀大败而逃，延续

▼云龙纹漆耳杯，用于盛酒

▶画像砖上的酿酒过程

了471年的夏朝就这样灭亡了。

夏亡后，商朝建立。酒不仅没有消失，反而风头更盛。仅在甲骨文中，就有106条关于黍的记载，而黍正是造酒的原料。

更令人惊异的是，夏朝是因酒而亡国的，而商朝竟然也是因酒而终结的。

商朝人对酒的兴趣，非同一般。他们喜欢一种类似郁金香的芳草，便折了来，放在黑黍米中，酿造出香气扑鼻的酒。

他们还酿造了甜酒，恰似今天的饮料。

他们格外喜爱喝酒，而他们的末代君主——纣，更是酗酒无度，不理朝政。

对于纣来讲，喝酒是一个重大事件。他绝不随随便便地喝，而是要配备象牙筷、犀角美玉杯，并穿上华丽锦衣，款款地前往高台上，在敞亮的地方，方才痛饮。

无形中，这倒促进了饮食美化体系的发展。

当然，商朝也由此而灭亡了。

▲彩绘陶瓶，盛酒器

▲犀角杯，上雕流水及临水之人

扩展阅读

新石器时代，簋为陶制，商朝时，簋为青铜所制，用来盛放煮熟的小米、稻米等。吃饭时，古人坐下来，把簋放在地上，伸手到簋里抓食物吃，可谓最早的“手抓饭”。

▲用于盛酒的彩绘酒樽

◎味儿的绝唱

夏末商初的时候，在伊洛流域的空桑涧（今河南洛阳嵩县），有一个诸侯国——有莘国。

在有莘国的山野里，生活着一对夫妻。他们有一个儿子，叫伊挚。伊挚出生不久，父亲就离家奔波去了，留下母亲侁氏一人养育他。

侁氏的身份是奴隶，每日辛苦地采桑养蚕。伊挚也是奴隶，跟随母亲困窘地生活。侁氏不忍伊挚受苦，便把伊挚寄养到一个庖人家，以便伊挚能够吃饱。

这个庖人，成日摆弄饮食，不知不觉地熏陶了伊挚。伊挚聪颖多思，很快掌握了烹饪之术。

▼右侧人物持刀料理食物，左侧小侍捧碗协助

▼庖厨画像砖上，左侧人物正在煮羹

他还非常好学，在做饭、耕地之余，总是埋头学习尧舜之道。

依靠不倦的自学，伊挚不仅成了美食大师，还懂得了治国之道。他先是给贵族当厨吏，后来，又给贵族的孩子当“师仆”——既是家教，又是仆人。

伊挚很有才干、谋略，口才也好，胆魄又大，因此，他很想实现一番伟业。他决定前去王宫，向君王桀展示自己的才华，以便得到重用。

然而，由于他“黑而短”，皮肤不白，个头不高，桀瞧不上他，不屑一顾。

他不甘心，还是屡屡入宫求见。

他一连去了五次，五次都未被重用。

伊挚极度失望，心里难过极了。

冷静下来之后，他想，桀施行暴政，又不肯重用他，国家势必没救了，与其如此，还不如投奔明君，帮助明君夺取天下。

伊挚暗暗下定了决心。

在他心里，汤就是明君。汤，是商（诸侯国）的国君，不仅心怀百姓，还大力发展经济，颇得民心。可是，要想见到汤，也并不容易。

伊挚绞尽脑汁地想办法，就在这时，他听到一个消息：汤要娶有莘国国君之女。

他心头一振，立刻行动，想方设法地打通各个关节，成为了有莘氏女的师仆，入宫当起了家教。

这件事，后来被记录在甲骨文中，算是当时的一个重大新闻。

伊挚成为第一个有文字记载的老师后，尽心竭力地教导有莘氏女，争取到了当陪嫁媵臣的机会。

由此，他终于得以入商，见到了汤。

为了让汤重用自己，伊挚给汤烹调了一道“鹄鸟之羹”，也就是天鹅羹，试图借用烹饪之道，阐述治国之道。

汤尝了尝天鹅羹，觉得味儿极鲜美，与众不同，心下大悦，便问伊挚是如何做出来的。

伊挚便趁机说：“味之本，水最为始。”

意思是，任何一种美味，都要通过水来实现。没有水，羹是煮不出来的。煮羹时，水多次沸腾，味道也多次变化。因此，若把握不好水，就得不到美味。若想得天下，也是如此，必须得把握好水——得天下的基础。

伊挚又表示，水的沸腾与否，要依靠火来实现。没有火，水是不会沸腾的。

▲精美的铜盆，内铸一鸟，可放食物

▲壁画上的灶台

意思是，若没有贤君、贤臣，天下也是得不到的。

伊挚还告诉汤，水里的动物，味道很腥；食肉的动物，味道很臊；食草的动物，味道很膻。可是，尽管如此，用它们也都能制出美味来，只要了解它们的性质，去除异味就行了。治国也是一样，只要采取不同的办法，有针对性地处理，就会得到美好的天下。

伊挚的话，深深打动了汤。

在此之前，还没有一个人借饮食而言治国。这空前的言论，让汤耳目一新，意外之余，感到惊喜不已。

汤欣赏伊挚的才华，不在乎他又黑又矮，让他伴随左右，尽辅佐之责。

此后，他们继续探讨，几乎日夜不停。汤越来越觉得，伊挚当真是罕见的贤智之人，于是，便封伊挚为“尹”，行宰相事。世人便称伊挚为“伊尹”。

伊尹守得云开见月明，不久后，辅佐汤推翻了夏朝，建立了商朝。

伊尹用“味儿”谏议汤的方式，独树一帜，空前绝后，成为饮食史上的一段绝唱。

扩展阅读

商朝人认为，美味应符合如下标准：“久而不弊，熟而不烂，甘而不哝，酸而不酷，咸而不减，辛而不烈，淡而不薄，肥而不腻。”否则，只能算好吃，不算美味。

◎粥，不是饭

一个暴雨之日，祖乙呆坐在王廷内，忧心不已。

他刚继承了王位，就遇到了麻烦。由于都城位于黄河下游，雨水使水位上升，黄河泛滥，翻滚奔腾，把庄稼都冲毁了，百姓连粥都喝不上了。

祖乙踱来踱去，焦急地想办法。

他琢磨了半天，觉得除了迁都，没别的法子。

可是，把首都迁走并不是小事，尤其是，他刚坐上王位没几日，就有如此大举动，恐怕会招致议论。

◀用于蒸饭的甑，青铜所制

祖乙踯躅难定，愁眉紧锁。

一连几日，他都无心饮食。

宰相巫贤猜到了祖乙的心思，直截了当地说，既想迁都，那便迁都，无须过虑。

◀用于煮粥的鬲，绚烂美丽

祖乙一听，顿时打起精神，忙问巫贤，迁往哪里为好。

巫贤认为，耿地不错，物产又多，民又驯顺，又不是兵家重地，没人抢夺。

祖乙思前想后，觉得也只能如此，当下同意了。

▲牛耕促进了农业的发展，图为农耕及收获图

▲牛受古人崇拜，该壁画上的牛被画在神兽旁边

▲此为墓室壁画，古人正驱牛犁地

于是，商朝都城从河南的相，迁到了山西的耿。

岂料，第二年，耿的河流也泛滥了，庄稼又被毁掉了。

祖乙目瞪口呆，焦虑不已。

这一次，他再也不犹豫了，果断决定，再次迁都。

他命人一路向北，到祖先曾经生活过的地方，寻找新址。

一群人受命而去，日夜奔波，来到了一个叫邢的地方。那里有一条河，他们渡河时，看到一条龙鱼，急忙把鱼捉住了。

他们认为，这是好兆头，便告诉祖乙，此处不错，为龙腾之地。

祖乙很欣喜。他又想到，那里有水流，便于浇灌，水势又不凶猛，不会成灾，确实是个好地方。

就这样，都城又从山西的耿，迁到了河北的邢。

至邢后，祖乙努力促进农耕，使饱经水患的王朝又兴盛起来。百姓也安定下来，终于又有粥喝了。

商朝时，主要的食物有两样：一是粥，二是饭。粥和饭，不是一回事儿。在一个鬲中，加入米、水，慢慢地熬煮，便是粥；若米多水少，黏黏稠稠，便是饘；若是在米煮烂之前，把米捞出来，放到甑中蒸熟，便是饭；剩下的煮米汤，便是浆。

百姓有了米粥，祖乙很开心。但他并不满足，他渴望更强盛的局面。

他在深思熟虑后，又做出了一个决定：第三次迁都。

这一次，都城从河北的邢，迁到了山东的庇。

庇，靠近大彭国。大彭国是彭祖的封地，彭祖的后裔与商朝亲近，会保护商朝。另外，此处土壤肥沃，作物多产，对农业有利。

祖乙再三迁都，看起来很折腾，但这却促使商朝经济发达起来。商朝人原本就很会种地，这回得了沃土，收获更丰了。

▲舂米画像砖，古人正给谷子去壳

只不过，平民还只能喝粥，而且，从商代一直喝到周代，足足喝了几百年。

虽然当时已经有了干饭——蒸饭，但蒸饭很奢侈，只有贵族才吃得到。

扩展阅读

吕尚在成为宰相之前，为了糊口，先在朝歌宰牛，后在孟津卖饭。当他功成名就后，又以“鱼盐之利”作为兴国之策。这些都反映出，商朝的饮食已有很大发展。

◎沾了吃饭的光

在滔滔的黄河岸边，一个叫武丁的少年正在干活。他与一大群村民一起，卖力地搬运稻谷，忙得满头大汗。

武丁不是平民，而是商朝的王子。他之所以在民间生活，是为了了解民间疾苦，以便日后做个称职的国君。

经过多年的历练，武丁成为了商朝第二十三代国君。他励精图治，强国爱民，深受拥护。

有一日，武丁上朝，负责水利工程的一个官员说，工地有个奴隶，名叫傅说，非常了不得，不仅会修工程，还懂得很多道理。

武丁一听，顿时来了精神，亲自去见傅说。

傅说衣着破旧，但谈吐不凡。武丁与他相谈很久，觉得傅说的确是个济世奇才。

▶俎，用于祭祀摆放食物，此俎华丽无比，彩绘嵌玉

武丁告诉群臣，想要任命傅说为“冢宰”，主持国政。贵族们激烈地反对，说傅说是奴隶，地位低下。

但武丁心意已决，毫不动摇，认为举贤不分高低贵贱。

在武丁的坚持下，傅说终于走马上任，当上了冢宰。

此后，武丁三年不管事，一切政事都由冢宰决定。

那么，冢宰到底是什么职位呢？

原来，冢宰就是丞相。

“冖”下之“豕”去“丶”为“豕”，就是猪的意思；宰，就是分割切肉；古人把饮食作为头等大事，因此，冢宰意义非凡，被用来称呼丞相。

▲舂捣女俑，正在捣碎食物

丞相，也叫宰相，这也说明了古人对饮食的格外尊崇。

武丁提拔傅说担任了冢宰后，傅说果然不负众望，处理朝政，一心一意，鞠躬尽瘁。商朝得以大兴，天下清明、繁盛。

除了傅说，武丁还起用了祖己等贤智之人。这些人，都有力地辅佐了武丁。

一个春日，武丁举行祭祀先祖的大典，排场隆重。

在当时，国之大事，只有两件，一是祭祀，一是战争。古人觉得，祭祀与战争一样重要，都关系着国家的生死存亡。因此，在祭祀时，要摆出众多美味，给神鬼们吃。武丁便摆出庄严的大鼎，奉上丰富的祭品。

▲奉食女俑，正在准备食物

祖己在旁边看着，深觉这种排场太浪费了。他担心武丁会掀起奢侈之风，想要劝谏一下，正在这时，一只野孔雀飞了过来，落到鼎上，发出叫声。

武丁愣了一下。

此处人多，野鸟却丝毫不惧，径直飞来，这让他未免多想，感觉是不祥之兆。

祖己见状，连忙上前，趁机劝导武丁，不必惊惧，只要修好政事，勤俭节约，不祥之兆自会得解。

武丁听后，明白了祖己的深意，欣然接受了。

▲庖厨女俑，正在切鱼

他令人撤去过多的祭品，一切从简。回宫后，他仍时刻检点自己，以免糜费。

不过，身为君王，虽说清简，终究也还是有一定气派的。宫中不仅有专职“膳夫”，还有其他负责饮食的官员。

这些官员，沾了吃饭的光，地位极高，可参与国家机密要事。

到了周朝，膳夫等官职，仍旧非同一般。在最高政务中，都有他们的身影。

除了膳夫，宫中还有2000多人负责饮食，包括屠宰动物的70人，烹饪猪肉的62人，煮鳖的24人，制作腊肉的28人，酿酒的110人，奉酒的340人，制作饮料的170人，冰镇食物的94人，看管竹制食器中的食物的31人，负责食物上防尘土的布的62人……

▲提壶女佣，正在汲水

扩展阅读

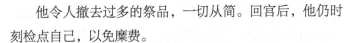

妇好为武丁之妻，也是历史上第一位女性军事统帅。她病逝后，武丁极悲痛，为她随葬了一个汽柱甑形器，直径31厘米，中有汽柱，为蒸肉食器，类似现代的汽锅。

▲持箕女俑，准备簸米

◎王宫里的烤肉串

少时的商纣王，面容“姣美”，聪敏过人，口才好，伶俐可人。

更难得的是，这个美少年还很有力气，百人不敌他一人。他还能徒手搏击猛兽。

他在即位后，从政更为出色。对内，鼓励农桑；对外，开疆拓土。

东夷，是当时一个很大的势力集团，商纣王发现东夷向中原扩张后，立刻出击，寸土不让。

接着，他又向其他武装势力进击。

由于他勇敢无比，智谋又多，几乎屡战屡胜，不仅保

◀墓室壁画上，女侍手持肉串

◀墓室壁画上，女侍将烤熟的肉串递给主人

▲羚羊常被古人烤食，该壁画上的羚羊被箭射中

卫了商朝国土，还统一了东南。而民族融合，又推动了技术提高、经济发展。

可以说，商纣王之于商朝，之于历史，都是有功的。

只不过，他在国力强盛后，渐渐地有些骄傲了，开始放纵起来。

他花费了数不清的财物，建造了一座园林——鹿台，豢养了许多鸟兽。他还在园林里挂满肉食，简直就如肉林一样。

至于宫内，他也大肆修建，开设了“九市，车行酒，马行炙”。

也就是说，他在王宫里建了集市、酒肆，并在宫里烤肉串。

炙，就是把肉切成小块烧烤的意思。“马行炙”，就是现今的烤肉串。

在商朝，时人吃肉，还是大块蒸煮，或整只蒸煮。在吃之前，才取青铜刀，将肉切成薄片，蘸酱吃。

商纣王吃的烤肉串，肉块要小一些，说明了食肉方式正在逐渐改进。

扩展阅读

商朝有“六畜”：马、牛、羊、鸡、狗、猪。由于畜牧业很发达，商朝人在祭祖时，竟然用牛300头、羊300~500只，甚至1000只。商朝人还开始吃鸡蛋了。

◎抢劫麦子的王

箕子是商纣王的叔叔，一日，他看到纣王用象牙箸吃饭，心里甚为忧愁。

他心想，既然能用象牙箸，也会想要用玉杯，用其他更贵重的东西，这样下去还了得，国势必将委顿。

箕子于是前去劝导，让商纣王不要过度糜费。

他一遍遍地劝谏，终于把商纣王惹恼了。商纣王一气之下，把他囚禁起来，贬为了奴隶。

有人劝箕子逃离，箕子一想到要抛下商纣王，心下不忍，便拒绝了。

只不过，为了保命，他披头散发，佯装疯癫起来。

公元前1046年，周武王兴兵伐纣。商纣王兵败自焚，箕子不愿臣服周武王，前往陵川隐居。

◀《柳外春耕》再现了古人种植麦谷的情景

周武王求贤若渴，不惜远道跋涉，找到了箕子。

清风中，箕子沉默不语。

周武王诚恳地向箕子请教治国之策，箕子缓缓开了口，做了详细的回答。

周武王钦佩不已，请求箕子出山，协理国事。

箕子摇头，拒绝了。

周武王怅然离去。之后，箕子带着一些商朝遗民，避到了与商朝有族缘关系的朝鲜。

周武王闻之，立刻派出使者，远涉朝鲜，封箕子为朝鲜的国君，并邀箕子回故里探望。

两年后，箕子回归故里。当他行经一个地方时，不禁面有戚色。

那是朝歌——昔日的商朝都城，墙垣已然倾颓，破败不堪，损毁的宫室里，长满了野生麦，殿堂处，也种上了庄稼。

箕子痛彻心腑，悲伤难忍，很想大哭一场，却又极力忍住了。

他是商朝的旧臣，商朝已亡，他现在受封于周朝，已

▶古人用来储存麦子的陶罐

◀用于麦子去皮的陶磨

◀陶碾和簸箕等，为麦子加工工具

为周朝的臣子，便是有亡国之痛，也不好痛哭。

他五内俱焚，百感交集，以诗当哭，作了一首《麦秀歌》：“麦秀渐渐兮，禾黍油油。彼狡童兮，不与我好兮！”

这是历史上第一首文人诗，意思是，麦子吐穗了，连野生麦都油汪汪的，你（商纣王）却不听我劝，导致今日这般！

朝歌的商朝遗民听了，无不痛哭流涕。

诗中，“禾黍油油”的黍，就是麦子。

麦子早在远古就被种植了，但数量少得可怜，吃一顿很不容易。到了商朝，虽然栽培得多了一些，但还不普遍，许多人还是吃不到。由于非常珍稀，穷人偶然得到一点儿，甚至要带皮吃。就连君王，也只能在大年初一的时候痛吃一顿。由此，还产生了“告麦”现象。

告麦，就是君王派出一些官吏，终日在外游荡、侦察，窥视临近部族的麦子。一旦发现麦子熟了，官吏就会密告给君王，君王便派出重兵，进行偷袭，抢劫麦子。

周武王执政后，更加重视麦子，所以，箕子不仅看到了野生麦，也看到了人工培植的麦子。这标志着，周朝的种植业正在发展。

扩展阅读

春秋时，古人有了主食、副食的区分。他们把能充饥、食用频率高、比重较大的粥饭，作为主食，称为“食”或“饭”。此前，古人把谷物称为“根食”，肉类称为“鲜食”。

第三章
周朝食礼

周朝分为西周与东周，东周又分为春秋与战国。这是历史上思想最活跃的时期，诸子的思想涉及宇宙的各个方面，有人还从天天接触的饮食出发，去思考人生、社会、政治等问题，由此形成了细致的饮食礼仪。此时的饮食，距离单纯的果腹充饥已越来越远，文化色彩则越来越浓。

◎米饭是高级消费

在山西稷山，苍绿的树影中，姜嫄信步而行。

姜嫄是君王喾的正妃，这日发闷，便出门闲游。

走到一片野地上，她突然看到一个脚印，非常之大。她既惊疑，又好奇，欢快地踩了上去。

就在这一瞬间，她恍惚觉得，腹中似有胎儿，微微动了一下。

她更觉得有意思了，逗留了好一会儿，方才归去。

她的确有了身孕，肚子一天天大起来。十个月后，她产下一子。

姜嫄心中狐疑，想起了踩脚印事件，觉得不祥，便偷偷把婴儿丢弃到一个狭窄的深巷中。

奇怪的是，过往的牛羊都避开了婴儿。

▶新石器时代，原始人刻出崇拜的稷神

姜嫄又到林子里，打算把婴儿丢弃在那里。可巧，人特别多，她没法丢。

姜嫄不甘心，又抱着婴儿来到结冰的河上。这回，总算丢成了。

可是，让她震惊的是，不知哪飞来一只大鸟，用厚厚的羽毛把婴儿盖住了。

姜嫄暗想，这可是神的意思啊，神在指示她，这不是一个普遍的婴儿。

这样一想，姜嫄又把婴儿抱了回来。由于屡次要丢弃婴儿，她便给婴儿起名为——弃。

弃长到幼年时，格外喜爱植物，有一日，竟然自己种了麻、菽。

成人后，弃更爱栽种了。他种的谷物，长得饱满，旁人都跟他学。

▲蝗虫是谷类作物的大害，图为捉蝗壁画

有一年，闹了饥荒，弃根据土壤的性质，种了稷、麦，救助了很多人。

他也被后世认为是第一个种稷和麦的人。也正是因此，他也被称为“稷”“后稷”。

后稷不仅教民稼穑，还告诉百姓，怎样收割，怎样脱粒，怎样做成熟食，怎样放在豆（食器）里祭祀祖先。

作为周朝的始祖，后稷的农事结构、技术，自然也都传给了周朝人。农业也成了周朝的立国之本，连天子都下地干活。

周朝人不仅会种稷、麦，还种出了双穗的黍、深色的谷子、淡色的谷子，极大地改善了饮食结构。

菽，属豆类家族，不挑土、水，在哪都能活，因此，也被培植了。

菰，也来到饭桌上。不过，由于每株菰的成熟期不一样，采集费劲儿，后来受到歧视，被遗忘了。

粱，不是高粱，是粟类，粒大，吃起来有劲儿，也受到周朝人欢迎。

稻，受到格外的重视，地位上升，挤进了“五谷”的队伍。

不过，菰、粱、稻，仍是昂贵的食物，属于高级消费，只有贵族才能尝尝鲜，平民压根没份儿。

当时，吃碗米饭就和穿锦缎衣裳一样，被视为奢侈，要受到批评。

扩展阅读

在古代，“社稷”一词用来代称国家。这是古人重视五谷的最高体现。古人把饮食提高到政治高度、伦理高度、道德高度，这在世界所有的饮食文化中，都很少见。

◎把国家喝没了

这是一个澄静的清晨，露珠从花瓣上滴落，康叔急匆匆地向王宫走去。

康叔年纪还小，但姿容大方，举止文雅。这是他母亲教诲的结果。

康叔的母亲，是王室正妃，但却极为勤劳、简朴、内敛。康叔受到母亲感染，也谨慎、守制，循规蹈矩，从不干荒唐的事。

这是公元前1046年，他的二哥周武王灭了商朝，建起了周朝政权，正要分封宗室、功臣、先贤后代。他正前往听封。

到了王庭，康叔听到，自己被封到了康（今河南境内）。

康叔退出后，准备了一下，便赶去封地，建立了康国。

就在康叔老老实实地建国时，周武王猝然病逝了。

康叔闻讯，又惊又痛，悲泣不止。

康叔沉浸在悲伤中，多日不能开释。有一天，他突然听到一个机密的消息，他三哥和五哥要造反！

原来，周武王死后，太子继位，为周成王。周成王还是个幼童，由康叔的四哥周公旦辅佐，而康叔的三哥和五哥却怀疑周公旦要篡夺王位，因而愤愤不平，集结了兵力，向都城杀去。

康叔是第一个得到消息的人，他大吃一惊，怎么办？如何是好？是跟从三哥和五哥造反，还是支持四哥、保护周成王？

康叔虽然年少，但非常冷静。他没有犹豫太久，立刻选择了后者。

他镇定地调兵遣将，命人设防，拦截叛军，同时，令人疾速飞奔都城镐京，报告叛乱之事。

▲周朝时，这件华丽的尊在盛酒后，用于庄严的祭祀

从河南的康，到陕西的镐京，是有一段距离的。但使者快马加鞭，日夜不歇，很快就把军情送到了。

康叔的四哥周公旦即刻行动，使叛乱未能得逞。

七年后，周公旦为彻底消灭叛军，亲自出征。康叔也加入大军，前往征讨。

这次军事行动，极为激烈，但康叔毫无惧意，从不退缩。

康叔的行为，令周公旦颇为赞赏。叛乱平定后，周公旦将康叔封为卫国的国君。

▲提梁卣，周朝酒器，盛酒后，可拎来拎去

卫国有大野，有大泽，疆域辽阔，人口众多，是周朝的东方屏障，战略地位十分重要。尤其是，在卫国，有许多商朝遗民，在管理上，要格外用心。

但周公旦又有些担心，康叔虽然正直、冷静，毕竟还年轻，万一担不起重任呢？

思量许久，周公旦精心制作了一些文告，其中一篇是《酒诰》。

之后，周公旦召集群臣，举行授土授民仪式，场面隆重、盛大。当文告被宣读时，气氛更加肃穆、庄严了。

▲曲柄勺，用于舀酒，小巧可爱

康叔仔仔细细地听着，生怕漏掉一点儿。

但周公旦还是不放心。等到康叔临行时，他又把弟弟叫来，再三叮咛。

周公旦反复地告诉康叔，到了卫国，千万要爱民，不要动不动就用刑；还要尊重长者、贤人，多听多看，勤于政务；千万不能喝酒，夏朝就是喝酒喝没的，商朝也是喝酒喝没的……

康叔恭敬地表示，自己都记住了。

周公旦还是忧心，又告诫康叔，上天是最厌恶喝酒的，谁若喝酒，就会惹怒上天，上天一降罪，就能使人丧命，使国家灭亡；只有在祭祀、敬老等时候，才能喝酒，平时一滴都不能沾，更不准聚众喝酒；若有谁偷喝，一旦发现，立刻杀头。

对于酒，周公旦可谓畏之如虎。

其实，不仅周公旦如此，很多周朝人也都反感喝酒。原因在于：酒是粮食酿的，饮酒就等于糟践粮食，而当时的生活水平很低，人们还没有从饥饿中彻底走出来。在他们看来，世界上最好的事，就是吃饭；世界上最坏的事，就是浪费粮食。

因此，饮酒便受到了声讨。在青铜鼎上，或其他礼器上，统治者还刻上了饕餮，意在警示后代子孙，不准贪吃贪喝。

于此，反酒成了周朝的一个重要的政治原则。

▼石刻上的宴饮，中央放着一个大鼎

康叔牢牢记住了周公旦的话，抵达卫国后，谨遵教导，慎重施政。

他兢兢业业，常与平民在地头聊天，对商朝遗民也从不歧视，从不虐待，极尽关心。他还把奴隶都放了，鼓励他们开垦山地。最为人性的是，他取消了活人殉葬的习俗。

康叔的举措，使卫国惊人地繁盛起来，竟然一跃而成为了周朝最大的诸侯国。

至于喝酒那点儿事，

康叔也下了禁令。不过，他不激进，对于小饮者，从未杀头。

周朝对酒的反对浪潮，是自发行为，在历史上，最为强烈。但酒并未绝迹，而是顽强地流传了一代又一代。

这是因为，人的生理欲望总是最难遏制的。

扩展阅读

西方人的肉食比重大，而周朝后的华夏民族则以素食为主。除了谷物，周朝还有辅助性粮食，如榛子、栗子等，既好储存，又耐饿。周朝人还吃芒果、桑葚等水果。

◎时髦的野生蜜

周成王继位时，刚刚12岁，稚气未脱，由叔父摄政。也就是说，他是个挂名的天子，叔父是代理天子。

不过，周成王虽然少不更事，也不聪明，但却守规矩，遵祖制，踏踏实实，本本分分。这让叔父很满意，披肝沥胆地维护着他。

周成王20岁时，叔父觉得他已经成熟，便还政于他。

这一刻，他成了真正的天子。

周成王并未狂傲，依旧循规蹈矩。他知道，自己实在太平凡，便谨慎持重，一如既往地尊重叔父的意见。

◀奇特的龙形豆

他也喜欢嬉戏、狩猎，但很有节制，从不过分，宫中颇为清明。

在叔父等人的辅助下，他又御驾亲征，击败了淮夷、奄国，树立了威望。

在时人眼里，他就是一位刚柔并济的圣君，既能破敌，又能安民。

◀彩绘的陶豆

由于社会安定，经济繁荣，周朝人生活得很好。表现在饮食方面，就是几乎没有吃不饱的人了。

不仅粮食丰足，周朝人还有心思琢磨起花样饮食来。很多人都觉得，光吃饱了还不够，太单调，不过瘾，于是，他们便去山里采集野生蜂蜜。

在他们看来，蜜有石蜜——蜂巢在石壁上；有木蜜——蜂巢在树木上；有土蜜——蜂巢在土丘上。他们样样都喜欢。

采到了蜜后，有人把蜜当调料，放到菜中；有人把蜜当蘸料，用植物块茎蘸着吃；还有人把蜜倒在水里，稀释成甜水，当饮料喝。

由于采野生蜜的人很多，竟成了一桩时髦的事儿，《诗经》还把它记载下来了。

其实，在8000多年前，古人就把蜂蜜引入饮食文化了。

那个时候，古人成天挨饿，偶然注意到熊、蚂蚁等吃蜂蜜后，也激起了吃的本能，忙去抢着吃。有的原始人，还用蜂蜜酿了酒。

▲商周时期的青铜豆

扩展阅读

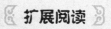

豆，是一种食器，上古时用来装饭食，商朝时用来装肉食，如肉羹、肉酱。现代有一种高脚盘，可装蛋糕、水果等，而豆的形状就如高脚盘，只不过多数豆都有盖。

▲精美绝伦的青铜盏，周朝人用它来装食物

◎吃饭就是吃药

公元前1021年，周成王病重，躺在榻上，呼吸吃力。

他心里很纠结，既想把王位传给儿子姬钊，又觉得姬钊太平庸，恐怕会葬送了国家。

他思来想去，辗转不眠，越发虚弱了。

最终，他还是决定，传位给姬钊，因为自己也不是一个出色的人，只因拥有了出色的臣子，才把国家治理得有模有样。

他盘算了一下，也为姬钊寻找了出色的大臣。临终前，他把姬钊和大臣召来，叮嘱他们：作为君王，要虚心纳谏；作为臣子，要尽心辅佐。

周成王撒手人寰后，姬钊继位，是为周康王。

其实，周康王只是老成稳重，看起来有点儿呆笨，实际上却思维敏捷，很有才干。加上大臣忠心耿耿，更让他如虎添翼，一上任，就根据祖宗遗制，制定了一套合理的规划。

周朝原本就很强盛，这下子，便得到了更大的发展。

北方游牧族心怀觊觎，跑到边境来骚扰，造成边民死伤。周康王心急如焚，果断下令，消除边患。

周朝军队迅速出击，经过奋勇作战，击退了游牧族，俘虏了1.3万多人，使边境恢复了宁静。

周康王又大力发展生产，使国库里一派充实，市井上满目繁华。

百姓的生活，和和美美，很少发生纷争，不仅路不拾遗，还夜不闭户。

盗贼几乎绝迹，劫匪更是难得一见，犯罪案件少之又少。在长达40多年的时间里，都没有动用过刑罚。

▲刻像石上，人物捧着食盒，将要奉进

生活如此恬然，饮食也越发仔细了。周朝人摸索出一

▲古人有食药结合的思想，图为入山采药者

种食物配伍方法：春天多吃酸，夏天多吃苦，秋天多吃辛，冬天多吃咸；还要搭配着吃点儿甜，以免各味太过。

这是有科学道理的。比如，夏天湿热，吃苦，可清热利水；秋天雨多潮湿，吃辛，可抵御湿气；只是，为避免吃过了头，还要吃些甜，将其冲淡。

周朝人还注意到，要在不同的季节，摄入不同的脂肪。

于是，春天时，他们便吃小猪、小羊，用牛油烹；夏天时，吃干野鸡、干鱼，用狗油烹；秋天时，吃小牛、麋鹿，用猪油烹；冬天时，吃鲜鱼、野雁，用羊油烹。

这些吃法，考虑到了人的机体与食物的关系，非常先进，是医学在饮食上的应用，为中国饮食文化的一个独特之处。

平民百姓尚且如此注重饮食，周康王自然也不例外。

而且，他还要享有六食、六饮、六膳、百羞、百酱、八珍等肴馔。这是严格的祖制，若不遵从，也是不敬。

周朝是一个严格的礼制社会，设有四种医官：食医、疾医（内科医生）、疡医（外科医生）、兽医。食医掌管王室的饮食，类似今天的营养师。

《周礼》把食医列于首位，说明了周朝人对食疗有着深刻认识。

扩展阅读

周朝人喜用食物养生，认为酸食能够养护骨骼，咸食能够活络经脉，苦食能够调气，甜食能够补充肌肉能量，刺激性食物能够强化韧带，软滑的食物能够滋润关节。

◎一只鳖惹的祸

柔和的风中，树木绽出黄绿色的小芽。春天到了，郑灵公迎来了他执政的第一年。

楚国为表示友好，送给郑灵公一只鼋，也就是沙鳖，体形极大，饱满厚实。

春秋战国时，王庭设有“渔人”“鳖人”的官职，渔人是负责进献鱼和鱼干的，鳖人则是负责进献鳖和龟的。

郑国的鳖人没有弄到大鳖，现在楚国送来了一只，郑灵公看了，未免喜笑颜开，命人将鳖煮成羹。

▼战国木雕羽人像，足踏凤鸟，凤踏鳖身，鳖被古人视为神物、美食

沙鳖被送到厨房，庖人开始切割。就在这时，宋和归生来了。

这二人，都是王室的公子，与郑灵公有亲缘关系，但也有利益纷争。

二人前来觐见郑灵公，正并肩走着，宋的食指，突然剧烈地动了起来。

宋对归生说：“以前，我每次食指大动，都会吃到特殊的美食。”

话音未落，他们已走到厨房门口，恰好看到了那只沙鳖。他们互相凝视了一眼，不禁笑了起来。

等到他们见了郑灵公时，脸上还带着笑意。

郑灵公很纳闷，问发生了什么事。

归生便把刚才的事说了一遍。郑灵公听了，默不作声。

稍后，二人退出了。

鳖羹煮好后，郑灵公下令，请宋前来。

宋兴冲冲地来了，以为将要吃鳖羹。岂料，郑灵公并没有赐羹给他。

宋脸色大变，勃然大怒，猛地将食指伸入鼎中，蘸了鳖羹，吃到嘴里，然后，拂袖而去。

▲鱼鳖是古人最早引入的食源之一，图为白玉酒壶，形为鱼篓，上雕螃蟹

郑灵公本来是和宋开玩笑，不料，宋竟恼羞成怒，还如此蔑视他的威严，他顿时气得暴跳如雷，大声咆哮，要杀掉宋。

这也不过是气话，宋又当了真。

回到家后，宋怒气冲天，但也坐立不安。

他气急败坏地去找归生，胁迫归生与他同道，把郑灵公杀死。

归生不情愿，没有答应。但他也没有制止宋，还知情不报，佯作不知。

夏天的时候，宋逮了个机会，到底把郑灵公杀了。

郑灵公在位只有几个月，就如此撒手而去了。

六年后，归生也死了。郑国人想起他纵容宋杀害郑灵公的事，不肯原谅他，把他也作为弑君者，把他的族人全都驱逐了，还把此事记在史册上。

这是一起由鳖引起的历史事件，从侧面反映了鳖不仅是美味，而且，很难得。

为什么难得呢？

郑灵公生活在春秋时期，那时的水澄净幽深，没有污染，野生鱼鳖又大又多。但古人很环保，注重生态环境保护，不随便捕捞。

朝廷规定：夏天的三个月中，不准下网，因为夏天有很多小鱼小鳖，如果下网捕捉，就会导致它们灭绝。

所以，在夏天，古人很少吃鱼鳖。

春、秋、冬的时候，古人可以下网了，但也只有五次机会。

而且，春秋时的网，网眼很大，目的就是为了放走小的鱼鳖。

这一点，古人要比今人文明多了。

扩展阅读

商朝遗址出土了10多万件龟甲，这其中，很多龟肉都被古人吃了。龟是当时的贵重礼品，龟甲用于占卜，龟肉用来煮食。到周朝时，龟、蛤、蚌、螺都是国宴菜品。

◎古人喝什么饮料

一个佝偻的男子，站在周朝通往诸侯国的大道旁，神情凄怆。

他来自一个很小的诸侯国——谭，本是一位大夫、贵族，精通天文，颇有知识。可是，当他来到王都朝拜周天子后，竟然饱受凌辱，被强迫劳动，沦为了奴隶。

眼前的大道，平坦如磨石，笔直如箭杆，修得非常好。可是，却不准他在上面走，只能眼睁睁地瞅着，因为那路是“西人”的专利。

周王室位于西方，被视为西人；被周王室压迫的诸侯国，位于东方，被视为东人。

这个落魄的谭国大夫，回头望了望，看到许多东人和他一样，正眼巴巴地看着大道上的车来车往。

他们也和他一样穿着葛麻草鞋，破破烂烂，用草茎又缠又绑，但也无法耐受冰霜，脚都冻伤、冻烂了。

大道上，车子来来往往，满载物资。车上的西人，穿着华丽的衣裳，就连西人船夫的子弟，也都穿着熊罴皮袍，暖暖和和，得意扬扬。

谭国大夫鼻子一酸，转过脸去，滴下泪来。

天气越发冷了，泉水散发着寒气。他继续砍柴，还要小心翼翼地防止木柴被水浸湿，否则，就会受到西人的惩罚。

辛苦的劳作，让他患上了疾病。他很想歇一歇，但却不能够。

他忧愁地看着砍下来的柴，想到柴还能躺在车上，被车运走，自己却无法休

▼神鸟衔珠流杯，周朝人用它盛水或酒等饮料

息一下。

他长长地叹息着，心中极度压抑，无处申诉。

现在是周幽王当政，朝堂昏聩，奸佞当道。幽王的亲信皇父，极为凶残跋扈，把东人的生命当蝼蚁。东人除了默默忍受，毫无办法。

干了一天活，天已经黑了。谭国大夫蹒跚地回到破漏的住处。他没有像样的饭吃，只喝了点儿寡淡的稀粥。

他回想往日，自己还在谭国时，簋里总是盛着满满的糯米饭，盛饭的勺子，是一种又弯又长的枣木勺，和现在西人使用的一样。

时至今日，他却再也不能回到过去了。

谭国大夫分外伤感，再一次伤心地流下了泪水。

“或以其酒，不以其浆。”他重重地叹道。

这句话的意思是：西人饮用香醇的酒，而东人连米浆都喝不上。

浆，就是米汤，蒸饭的副产品，若将其发酵，便略带酸味；若不发酵，便带着甜味。春秋时，浆是平民的高级饮料。

若军队解救了受难者时，受难者为表示感谢，就要提着干粮、捧着浆，表示敬意。

▼铜鉴，周朝人用它盛水，盛酒，盛饮料，也把它作为礼器，甚至还把它作为浴缸

除了粮食做的浆，也有水果做的浆。柘浆，就是甘蔗的浆水。

每一种浆，都注重芳香、清凉。街市上，还有卖浆者。由于这种饮料很受欢迎，还有人因为卖浆而成为富翁的。

尽管如此，谭国大夫还是喝不到浆，连饭也吃不饱。

他茫然而悲伤，倚在破败的旮旯，望着夜空发呆。

银河灿灿，织女星忽闪着移动。他绝望地想：纵然织女怎样忙着移动，也没织出好布匹来。

他又去观察南箕星，又暗道：虽像个簸箕，但却不能簸米，也不能扬糠。

他又去观察北斗星，嘀咕着：倒是真如勺子一般，可惜却不能用它舀酒、舀浆。

他就这样长夜无眠，愁绪满怀地乱想着。

最终，他把这经历写成了一首长诗，名《大东》。后世把这首诗又收入了《诗经》。不知这是否能告慰他那悲苦的心灵。

扩展阅读

周朝时，有一个字为“荼”，意思是“茶”。当时的人已懂得喝茶，但没有发明“茶”字，便叫它“荼”。喝茶是件稀奇事儿，某些诸侯死后，会把茶当稀罕物随葬。

◎“第一菜”的模样

轨是一个糊涂的少年，但他有一个清正的哥哥——息。轨继承国君之位后，因为实在太小，不能主政，息便帮他处理国事，非常尽心。

鲁国王室中，有一个公子，叫翚，很有野心，为了谋求高位，便挑拨离间。

翚去见息，说息能干，让人信服，不如干脆把轨杀掉，长期主宰鲁国得了。

息一听说要把弟弟弄死，骇然一惊，立刻正色制止。

息告诫翚，不可妄言，自己已在菟裘建筑宫室，准备迁去终老，不久就会让轨亲政。

翚听了，又臊又恨。

他恼羞不已，又怕被轨知道，便又生出一个诡计。

入夜，他偷偷溜入王宫，求见轨。

轨莫名其妙，不知何事。

翚便做出忠诚的样子，说是息派他来暗杀轨的，但他

▼画像砖上，三足鼎下腾起火焰，一人正在煮羹

不忍心，要保护轨。

轨大惊失色，惶恐起来，忙问翚怎么办。

翚凑过来，不慌不忙地说："要想不被杀，就得先把他杀了。"

接着，翚对着轨耳语了半天，一个暗杀计划便形成了。

冬月的一天，轨去城外祭庙，息随同前往。祭后，轨按照惯例，住在一个大夫家里。翚命人扮作仆人，混到息的身旁，等到午夜时，便把熟睡中的息刺死了，然后，把罪名安到了那个大夫身上。

轨松了一口气，把翚提拔为太宰，他自己也开始亲政了，史称鲁桓公。

然而，岁月如流而逝，鲁桓公却本性不改，依旧昏聩。

一个和暖的4月天，鲁桓公召见大臣，正在议事，宋国送来了一只鼎。

这是宋国贿赂鲁国的。不过，鼎并不是宋国制造，而是郜国为讨好宋国，贿赂给宋国的。

显然，这只庄严的大鼎，是个赃物。

鲁桓公却不在意，左看右看，心里美滋滋的。

他合计着，要把这只鼎派上个用场。

鼎，是盛羹用的。羹，就是汤。现代也有羹，比汤浓稠。而古代的羹，更为浓稠，肉羹就是肉汁。

羹是一种常食，没有等级限制，什么人都可以吃，是古代生活的"第一菜"。

作为饮食之本，羹是饮食的原始形态，在远古就有了。不过，原始人的羹，是用清水煮的。

到了周朝，穷人也只能吃到藜羹、蓼羹、葵羹、芹羹、苦菜羹等，而贵族则吃牛羹、羊羹、猪羹、兔羹、野鸡羹、鳖羹、鱼羹等。

鲁桓公的羹，自然也都是纯肉羹，不仅有滋有味，桌案上还备有盐水、梅等，可随意调味。

按照当时的礼制，纯肉羹（也叫绛羹）要用九鼎，米和肉调成的羹（白羹）要用七鼎，芹羹要用三鼎，葑（蔓菁菜）羹要用三鼎。

可是，眼下只有一只鼎，显然不适合盛羹。

尤其是，鼎早就作为了礼器，应当享有更高的尊荣。

鲁桓公这样一想，便把鼎放入了太庙。

鲁桓公的确是太昏头昏脑了，因为这样一来，就更加不符合礼仪了。鼎是受贿来的，是赃物，怎么能配飨神圣的太庙呢？

大夫臧哀伯震惊得不得了。

他赶忙规劝鲁桓公，说身为国君，要有德、尊礼，就是这样，还怕不够呢，还要拥有更多的美德。

他一边说，一边拿眼去看鲁桓公，鲁桓公表情木然，一言不发。

▼尽显尊威的兽纹青铜鼎

臧哀伯又说，看看那太庙吧，那么清静、肃穆，屋顶是茅草做的，祭品中的肉汁都不调五味，黍稷、糕饼都不用好米，这都是美德啊。

鲁桓公依旧无动于衷。

臧哀伯有些急了，激动地大声道，国君自毁德行，做了坏榜样，如果大夫们都跟着学，国君用什么惩罚？是国君自己带头违礼的啊。大夫们一旦没了美德，贿赂成风，国家不是早晚要衰败嘛！郜国的鼎，放在鲁国的太庙，世上还有比这更公开的贿赂吗？

鲁桓公听不进去，很不高兴，转身入内了。

臧哀伯苦劝不得，喟然哀叹。

内史听到了，大为感慨，将此事记录于册。臧哀伯虽然劝谏无用，却因此事而受到尊敬，留名青史。

扩展阅读

辛，是刺激性气味。古代的辛与现代的辣是两回事。在古代，葱、姜、蒜等都是刺激性食物，但姜最受喜爱。佛教徒不吃葱蒜，认为有浊气，但吃姜，认为姜气清。

◎席，最早的椅子

公元前548年，晋国兴兵，欲攻齐国。齐国人惊恐万状。

此时，贵族崔杼忽闻一事：齐庄公与自己的夫人棠姜有染。他羞恼不已，决定杀死齐庄公，然后以此说服晋国，停止进攻齐国。

齐庄公浑然不觉。这日，他设下酒宴，招待莒国国君。他召崔杼前来，崔杼说病了。

席罢人散，齐庄公前往崔杼家，想要以探病为由，私会崔杼的夫人。

然而，他刚入院门，就被埋伏的勇士射杀了。

消息传出，大夫晏子不顾个人安危，毅然前往崔杼家。

晏子的随从很担心，问他："是要为国君殉葬吗？"

晏子回答："他不是我一个人的国君，我不该死。"

随从又问："那为什么不逃跑呢？"

晏子说："他的死不是我的罪过，我逃什么？"

随从说："那就回家吧。"

晏子说："如果君主是为国家而死，那么，臣下就该为他而死；如果国君是为国家而逃亡，那么，臣下就该跟着他逃亡；但是，如果国君是为私欲而死，就不该为他承担责任了，但要尽一尽哀悼之情。"

晏子径自闯进去，摘下帽子，为齐庄公流泪哭泣。

之后，他便离去了。

崔杼气得半死，恨之入骨。

齐庄公死后，崔杼拥立齐庄公的异母兄弟为国君，是为齐景公。

为了立威，崔杼逼迫大夫们歃血为盟，效忠于他。有人不情愿，当即被杀死了。

一连杀了七个人后，轮到了晏子。

气氛紧张、恐怖，晏子却冷静自如。他说："我只忠于国君和国家。"

崔杼用剑指向晏子，威胁他就范。

晏子毫不畏惧，厉声回绝。

崔杼怒不可遏，举剑要杀晏子。这时，一个心腹告诉他："不可，杀庄公事小，因为他无道，国人不在乎；但杀晏子事大，因为他贤德，国人不会答应。"

崔杼无法，只能任晏子自去了。

晏子坐车回家，车夫想快点儿离开，使劲儿地用鞭子抽马。

晏子若无其事，说："且安稳，勿失仪；快，不一定就能活，慢，也不一定就会死。鹿生活在山里，命却握在庖厨那里。如今，我也与鹿一样。"

晏子没有遭到杀害。两年后，崔杼家中内乱，崔杼上吊自杀了。

齐景公开始主政，以晏子为宰相。晏子尽心辅佐，齐国人逐渐富裕了。

为了强国，晏子非常注意招纳有智之人。

有一天，一个叫泯子午的燕国人，来到了齐国。晏子赶紧与他见面相谈。

▲嵌贝壳鹿形镇，古人把它放在席子上，以免落座或起身时卷起席脚

◀压席的熊形镇，通体鎏金，足见古人对席子的重视

泯子午很有才华，有著作300篇，能写，会说，懂逻辑，有条理。不过，由于晏子有德有能，还是让他有些拘谨。

晏子便极力肯定他，礼仪恭谨，容颜和悦，慢慢解除了他的顾虑。

泯子午放松下来，不再言辞曲折深隐，而是畅快地说出了自己的治国思想。

▼从席到椅，坐具发展了很长时间，到明清时，椅子花样繁多，如图所示

▼古人不仅以苇为坐席，有时也以芭蕉叶为坐席

晏子认真地听着，泯子午离开后，他还呆呆地坐在席上。

古人没有椅子，无论坐着，还是睡觉，都在席子上。

席，有竹席、芦苇席，还有兰席、桂席等。王宫中，有象牙席。

席，不止一层。很多人家，都在席上又铺一重，形成重席。

上面的席，很小，叫“席”；下面的席，很大，叫“筵”。二者合称“筵席”。

后世的酒席等，就是由此发展而来。

筵，要铺满整个房间。因此，古人计算房间大小时，会用多少筵来计算。

周朝有规定，天子用五重席；诸侯用三重席；大夫用两重席。待客时，若无席，便是违礼。

因此，晏子在接待泯子午时，便坐在席上。

而且，遵照礼制，席还正正当当，四边都与堂室的边、壁平行。他自己还“直席而坐”。

直席，就是正席。晏子如此落座，是为了表示尊敬和郑重。

周礼中还规定，坐有坐姿，不可马虎。

所谓的坐，其实是双膝在地，臀部压在后脚跟上。上身与腿，要成直角。若想表达敬意，要把腰伸直。

不可把两腿分开，也不能前伸。否则，坐得像个簸箕一样，就是失礼，不尊重。

晏子谨遵礼仪，接待周全，才赢得了泯子午的信任，从而畅所欲言。

不过，当泯子午走后，晏子却仍旧坐着不动，神色忧愁。

旁人觉得诧异，问他怎么了。

晏子说：“燕国强盛，是万乘大国，可泯子午并不沾沾自喜；燕国距离齐国，有千里之遥，可泯子午也并不觉得很远。他心思深邃，看得很远，胸怀在千万人之上。这样的人，还要在我再三引导下，才能畅所欲言，而齐国不知有多少像他一样的人，未被重用，无处诉说就死去了；这都是因我而造成的损失啊，我一想到这个，怎么不忧愁呢。”

晏子的德行，实在令人钦佩。

扩展阅读

腊菜，屈原在《楚辞》中提过：就是把盐渍后的鸡放在露天风干。古人还把各种肉挂在钩上，用烧红的木炭熏烤。炭上，还放着核桃木屑、茶、稻壳、橘子皮等。

◎一束茅草，一杯酒

楚国是从荆棘野草中起家的，偏居南方，距中原较远，地位卑下。

当周天子举行大会时，衣衫褴褛的楚王也去参加了，但作为“蛮人”，只能看守会场的火堆。

每一年，楚王都要捆着茅草，赶着破车，千里迢迢地去向周天子进贡。天子怜惜楚国，总是给予厚赐。

随着楚人不屈地拼搏，楚国迅速发展，几代过后，终于成了一个有影响力的诸侯国。

这时的天子，为周昭王，贪玩浪荡，已失去了祖辈之风。

这时的楚国，也日渐傲慢，不把周王朝当回事儿了。

周昭王为了维护权威，维持政治秩序，便发起了南征。

第一次南征，周昭王从楚国抢了许多战利品。楚国无关痛痒，他却很满意。

第二次南征，周昭王压根没占到便宜，被楚国打得落花流水，仓促北还。

在归途中，不知怎么，周昭王掉到汉水里，竟一下淹死了。

几百年后，在公元前656年的春天，楚国又遇到了危险。

这一次，不是周天子要攻打楚国，而是齐国要灭掉它。

齐桓公拉拢了七个诸侯国，组成浩浩荡荡的七国联军，准备向楚国发起进攻。

消息不慎走漏，被楚成王知道了。楚成王惊愤交加，一边备战，一边生气。

在他看来，楚国和齐国相距遥远，没有往来，齐国没有理由入侵楚国。

他想了想，叫来大夫屈完，让屈完去质问齐国。

屈完疾行而去。

到了齐军大营，屈完见到了齐国将领和丞相。

屈完面色从容，举止洒落，慷慨质问管仲，齐国在北方，楚国在南方，隔着大老远的距离，就算雄马和雌马发情了，互相追逐，它们也跑不到牛的领地，牛若发情了，奔逐起来，也跑不到马的地盘去。那么，齐国人怎么跑到楚国来了？这是为什么？

“风马牛不相及”之句，就是由此而来，意思是毫不相干。

齐国将领听了，面面相觑，无言以对。

齐国丞相管仲面不改色，向屈完表示，齐军此来是为替天行道。

按照管仲的说法，天，就是天子，就是周昭王。周昭王以前在讨伐楚国时，离奇地淹死了，死得不明不白，所以，齐国要来惩罚楚国，以报天子。

屈完一听，几百年前的事儿都被翻出来了，分明就是借口！

他立刻回敬管仲：“至于天子是怎么淹死的，你得去问汉水，问楚国做什么！”

管仲心知肚明，不好继续追究，便又指责楚国不向天子进贡苞茅。

苞茅，就是一种茅草。远古的时候，古人用它来过滤酒，滤除渣滓，增加酒的纯净、灵性。

▼木制的鸭形酒杯

周朝时，苞茅缩酒已演变成一种祭祀仪式，至关重要。如果没有苞茅缩酒，天子的祭祀，就仿佛失去了神圣感。

在举行仪式时，古人要取成束的茅草，把酒糟过滤掉，然后，把清酒供奉神位，象征神灵已经饮酒了。

▲酒是古代不可或缺的饮品之一，图为宴饮壁画

楚国处于大山大江之地，盛产苞茅，因此，楚国刚刚立国时，就向周天子进贡茅草。

到了楚成王的时代，楚国不太敬重天子了，进贡苞茅也不勤快了，断断续续，马马虎虎。不过，终究也会送去几捆。

因此，屈完辩解道："虽然天子衰微了，但楚国还会照旧进贡苞茅。"

管仲向屈完指了指七国联军的阵营，说联军强大，楚国难以抵挡。

管仲试图威吓屈完，屈完却毫无惧色，不亢不卑，说楚国用方城（长城）作城墙，用汉水作濠沟，联军再多，也未见得能攻进去。

管仲不语。

管仲在筹谋这场战事时，本是保密状态，意图突袭，现在，机密已泄，楚国有了准备，联军再无法实施突袭，如果硬攻的话，的确很难攻下。于是，他决定撤兵。

一场兵祸就此避免了。此后，苞茅缩酒也逐渐淡化了。

对于酒的过滤，古人不再使用茅草了，而是采用了薄的纱或布，使酒更为纯净了。

扩展阅读

在河北的平山，有一战国古墓，墓主人为中山国的国君。墓中随葬的酒，装在密闭的青铜器里，经历2200年，保存完好。经检验，酒中含有乙醇、糖、脂肪等成分。

◎谁打盐的主意

鼓瑟声若隐若现，齐桓公仿佛在倾听，又仿佛若有所思。

半晌，他把目光转向丞相管仲，说要想个法子，让国家富起来。

管仲颔首赞许。

“征收房屋税怎么样？”齐桓公问。

“这等于让百姓把房子拆了。”管仲答。

“征收树木税呢？”

“等于让人把幼树都砍光。”

“征收牲畜税呢？”

“等于让人把幼畜都杀死。”

“征收人口税呢？”

“等于让人没有了欲望。”

齐桓公瞠目结舌，说不下去了。

过了好一会儿，他才懊恼地问道：“那要怎么办呢？”

▼盐场画像砖，表现了古人采盐的过程

管仲举止悠然，平静地说道：“可专营山海。”

齐桓公惊异起来，忙问如何专营，专营什么？

管仲告诉他，海中有盐，只要打盐的主意，收盐税，国家自会富强。

齐桓公听得聚精会神，眼睛一眨不眨。

管仲便给他解释，如何征税于盐：一个十口之家，就有10个人吃盐；一个百口之家，就有

100个人吃盐；一个月中，男子吃盐近5.5升，女子吃盐近3.5升，小孩吃盐近2.5升；100升盐，为一釜。若使每升盐涨价0.5钱，那么，一釜就能赚50钱。以此类推，若涨价2钱，一釜就能赚200钱；一钟就能赚2000千钱，千钟就赚200万钱。一个万乘大国，有几百万人，一个月就能征税6000万钱。重要的是，百姓也需要盐，他们得到了自己想要的东西，对于交点儿税，也不会不高兴，这样国家也有了收入，比直接伸手向百姓讨要税钱更好。

齐桓公眉开眼笑，心花怒放。

管仲又向他解释，山中有铁矿，收铁税，国家也会富强。

他又举了个例子，说种地的人，如果没有铧、犁、锄等，就种不了庄稼。如果让人挖铁矿，制铁铧，每个铧加价10钱，那么，3个铧的收入，就等于一份人口税。这样，

▼古人制出海盐后，担到市集上叫卖

►海盐很早就进入了饮食领域，图为古人在开采海盐

矿产也得到了开发。百姓有了铧，干活得力，也会多收粮。两下都快活了。

齐桓公大为快意。顷刻，他想到了另一个问题，兀自嘟囔着："有的诸侯国境内无海，有的无山，这岂不倒霉。"

管仲淡然一笑，告诉齐桓公："这也无妨，有山的诸侯国，可以把铁卖给别国，换取盐；有海的诸侯国，可以把盐卖给别国，换取铁。如此理财，必不穷灭。"

齐桓公茅塞顿开，愁绪全无。他授权管仲，全面推行盐铁政策。

齐国很快富强起来，齐桓公也成了春秋五霸之首。

管仲的盐铁政策，之所以成功，是因为这两样都是人离不开的。如果没有盐，人就会存活困难；如果没有铁，粮食生产水平就会低下，也不利于人们存活。

盐，早在人类诞生之初就被食用了。大自然中，盐无处不在。盐池中有盐，盐泉中有盐，盐泽地有盐，含卤的泥土里有盐，山石还能析出岩盐，海水又能蒸发附积的海盐。古人无意中接触到这些咸味，感觉很受用，便开始了采盐。他们或舔舐，或蘸食，或饮用，掀开了直接用盐的历史。

黄帝时期，古人不仅食盐，还懂得了用盐调味。这使烹调领域的大门，真正地打开了。

人类的饮食，就此摆脱蒙昧，全面走向文明。

扩展阅读

菘，就是白菜，本为十字花科的野生植物。古人发现它不用等到结出果实就能吃，且一年四季都有，便栽培了它。周朝时，中原人多吃大白菜，楚国人多吃小白菜。

◎奇异的肉

在齐国，有一个叫易牙的人。此人极不寻常，能敏锐地辨识味道，调起味来，出神入化。

他还干了一件出奇的事——开了世界上第一个私人饭馆。这在当时，堪称惊天大事。

易牙做的菜，令人垂涎三尺。路人仅是闻到了味儿，就挪不动步了。

齐桓公得知后，忙不迭地将易牙召进宫，让他担任饔人。“饔”，意思是烹调菜肴。饔人，就是掌管饮食的官。

易牙为讨齐桓公的欢心，使出浑身解数。因齐国靠近渤海，有海参、乌鱼、蟹等，他都翻着花样做了一遍。

齐桓公吃得很舒坦，便把易牙作为近臣。

有一天，齐桓公心满意足地对易牙说：“除了人肉，我已吃尽了天下美味。”

齐桓公本是无心之语，易牙却有心记下了。

为了让齐桓公更加宠信自己，易牙决定做一顿人肉羹。

▼彩绘庖厨图，图中人物正在切菜，左边是多层食橱

但是，到哪里找人肉呢？监牢里倒是有囚犯，可是，国君是尊贵的，他怕玷污了国君；若是杀个平民做羹，他也觉得有些配不上国君。

想来想去，易牙把目光落在自己的儿子身上。

他想，自己身为高官，儿子的身份自然不会玷污国君。另外，把自己的儿子煮了，还显得自己能为国君牺牲一切。

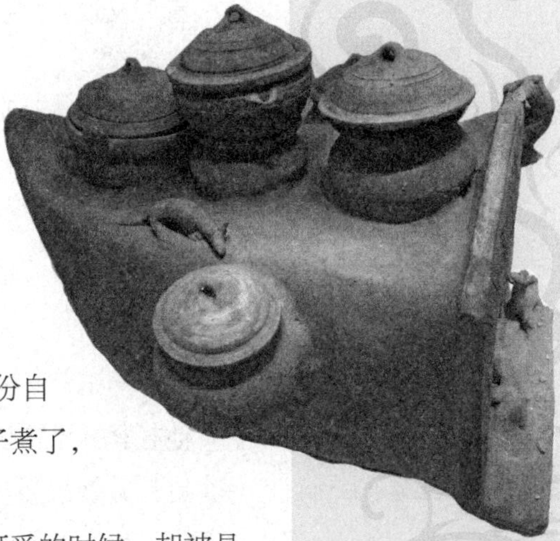

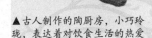

▲古人制作的陶厨房，小巧玲珑，表达着对饮食生活的热爱

易牙的儿子，只有四岁，正是最可爱的时候，却被易牙拎到厨房，一刀剁了。

中午的时候，易牙端着一个小金鼎呈给齐桓公。

齐桓公吃了一口，感觉滋味奇特，与以往不同。

他低头看了一眼，确定是肉羹，但不确定是猪羹、牛羹，还是羊羹。

他哪里知道这是人羹！

齐桓公问易牙，这是什么肉做的羹。

易牙见问，簌簌地滚下泪来，说是为了国君康泰，杀子为羹。

齐桓公听了，再也吃不下一口了，心里发堵，胃里翻腾。

不过，他马上又感动起来，觉得易牙爱他胜过了爱亲骨肉。

齐桓公镇定下来，对易牙更加倚重了。

公元前645年，丞相管仲病重，长卧不起。

齐桓公前去探望，问管仲，谁可以继任丞相，鲍叔牙如何？

管仲说，鲍叔牙是君子，但疾恶如仇，不适合为相。

齐桓公又问：“易牙如何？”

管仲又说："易牙为讨好国君，不惜烹子，没有人性，不能为相。"

齐桓公面露难色，有些茫然。

管仲便说："隰朋这个人，忠厚谦和，心系国家，可以为相。"

最后，管仲又叮嘱齐桓公，一定要疏远易牙，否则国家必乱。

易牙闻讯，又惊又气。

他赶紧去见鲍叔牙，说管仲不让鲍叔牙当丞相。

▼渔猎图中，古人正在水面下网捕捞

岂料，鲍叔牙与管仲是一生知己，彼此相与，不受离间。

鲍叔牙笑着告诉易牙，管仲让隰朋当丞相，说明管仲一心为国，没有私心；而自己当司寇，监察群臣，正合自己的性格；若让自己当丞相，哪还有易牙的容身之处?

易牙碰了一鼻子灰，只得讪讪地走了。

此事被齐桓公知道了，有些不高兴，便撤了易牙的职，不准他入朝。

三年时光倏然而过，齐桓公对易牙做的美味念念不忘。最终，他忍耐不住，又把易牙召回宫来。

次年，齐桓公患了重病，易牙拥立了一个公子，争夺君位。齐国就此发生了内战。

易牙命人堵住宫门，不让人见齐桓公。有两个宫女很机灵，夜里从墙头翻了进去，见到了齐桓公。

齐桓公不知发生了什么事，正饿得心发慌。宫女告诉

他，易牙作乱，填塞宫门，筑起高墙，内外不通，食物送不进来。

齐桓公怒不可遏，却毫无办法，只得干躺着。没几天他便饿死了。

至于易牙，他拥立的那个公子被杀，他自知大祸临头，赶紧逃跑了。

经此一乱，齐国开始衰落，霸主之位逐渐让给了晋国。

易牙逃到了彭城（今天江苏境内），重操烹饪业。

易牙的罪行，被人唾弃，但他做的菜，却被人追捧，成为齐国菜的代表。

齐国菜，是第一种地方风味菜，后来演变成为四大菜系之一——鲁菜。

菜系，也叫帮菜，是根据不同的地理、气候、历史、物产、风俗等，长时间演化而成的，自成体系，别具风格。

四大菜系为：鲁菜、川菜、淮扬菜、粤菜。

鲁菜精细，有葱烧海参等；苏菜微甜，有红烧果子狸等；粤菜奇杂，有蚝油鲜菇等；川菜麻辣，有宫保鸡丁等。

鲁菜中的海鲜烹饪，堪称一绝，这里面就有易牙的贡献。

扩展阅读

原始人在采集时，发现芥甘辣，便保留了它，但只吃芥子，不吃茎叶。周朝后，芥子被制成芥酱，蘸鱼肉吃；茎叶也被食用，叶即今天的雪里蕻，茎即今天的榨菜。

◎枯鱼，枯鱼

公元前601年，孙叔敖担任楚国的令尹。令尹就是宰相，一人之下，万人之上，位高权重。

有一天，孙叔敖出城，在山路上，遇到一个隐士，名狐丘丈人。

隐士是远离俗世的人，很少出山，现在却前来与孙叔敖说话，孙叔敖感觉必有深意，连忙以礼待之。

狐丘丈人淡泊、飘然，问孙叔敖："人有三怨，你可知道？"

孙叔敖摇头，问什么是"三怨"。

狐丘丈人告诉他，爵位高的人，会召来怨妒，官职大的人，会召来怨妒，俸禄多的人，会召来怨妒，这就是三怨。

孙叔敖恍然而悟，深深地点头。

接着，孙叔敖说："我的爵位越高，我就越谦卑；我的官职越大，我就越谨慎；我的俸禄越多，我就越厚施。这样就能免除三怨了吧？"

▼古代瓷盘，上有捕鱼图

狐丘丈人微笑不语，走向了云雾深处。

孙叔敖言行一致，自己怎样说，便怎样做。

在处理大事小情时，小心翼翼，细致公正；在面对楚王时，恭恭敬敬，十分尊重；在得到俸禄后，周济贫寒，尽施于民。

他终日穿旧衣服，连妻子儿女都不穿帛，只穿粗布衣。他几乎没有随从，只有一辆简陋的马车。连他的马，都不食粟，只吃干草。

◀《论食图》中的鱼篓，表明鱼是古人的食物之一

至于他自己的饮食，也格外简单。他经常吃的食物是枯鱼。

枯鱼就是“鱼炙”，即把鱼清除内脏，然后晒干、焙干或烤干，使鱼不会变质腐烂。什么时候饿了，就拿出来下饭。

枯鱼不是新鲜的菜，在今天，类似于咸菜。

在孙叔敖的时代，最好的菜是牛肉、羊肉、猪肉等。牛羊猪等本不得随便宰杀，但以孙叔敖的地位，他完全有资格吃这些肉，可他却拒绝了，而是与下层平民一样，总是吃鱼，而且，还是枯鱼。

当时已有了熏鱼，具体做法是：取一点儿米或糠，放在锅里；在锅上架一个竹片编成的屉，把鱼放进去；然后，用小火，慢慢熏烤；一边烤，一边在鱼上涂抹红酒糟；等到米或糠都焦了，鱼就熏好了。

熏鱼吃起来，有浓郁的酒味，又有弹性，最适合下酒。

▲鱼是古代常食，图为《鱼篮观音》局部，草篮中装着一尾新鲜的鱼

但对于孙叔敖来讲，熏鱼虽好，还是有些奢侈。因此，他只啃他的枯鱼。

孙叔敖把精力都放在国事上。他宽刑缓政，发展经济，兴修水利，使楚国国力遽然增强。

在职期间，孙叔敖曾三上三下。但他心性淡然，从不因拥有权势而得意，也从不因失去权势而叹息。

他的身体力行，为他赢得了敬意，没有人怨妒他。后世典籍在记载他时，把他称为圣人。

公元前594年，孙叔敖患了疽病，医治不得，辞别了人世。

这一刻，他的家中仍然穷寒不堪，徒有四壁，连棺木钱也拿不出来。

扩展阅读

鱼在饮食文化中占重要位置。《诗经》中提到的鱼有18种。春秋时就有了《养鱼经》。捕鱼工具有大网、抄网、竹制网、曲颈网、带许多小囊的网等。

◎治国犹如煎鱼

幼年的李耳格外安静，常常独自静思，像一株安静的植物。

每当有人谈论国家、战争、祭祀、观星时，他都要凑过去，睁大了眼睛，似懂非懂地听着。

李耳的母亲看到了，觉得很有趣，也很欣慰，便请来大师商容，教李耳天文、地理、礼乐等。

李耳在学习时，神态庄重，一本正经，商容觉得他很可爱，非常喜欢他。

有一天，商容给他授课，说："在天地间，人是最贵重的；在人群中，王又是根本。"

李耳眨了眨眼睛，问："天是什么东西呢？"

商容说："天是一种清清的东西。"

李耳又问："清清的东西是什么？"

商容说："是太空。"

李耳问："太空上面是什么？"

商容说："是更清的东西。"

李耳问："更清的上面是什么？"

商容说："是更更清的东西。"

李耳问："更更清的上面，最上面，清已经到头的地方，是什么呢？"

商容顿了顿说："书上没说，不敢瞎说。"

夜里，李耳还在想这个问题，怎么也睡不着。他去问母亲，母亲也答不出。他又问其他人，也都不知道。

李耳便独自思索，不仅夜不能寐，还三日不知饭味。

▼青铜鼎，上有人面纹、虎纹，是食器，也是礼器

此后，他不断翻阅典籍，遍访乡邑之土。遇到大雨，他也不知被浇湿了，迎着大风，他也不觉得行路艰难。

商容闻之后，非常感动，让他前往周王朝的都城，到那里深造。

李耳便辞别了母亲，来到了周都。

他极为勤奋，无所不学，无所不览，三年后，便大有长进。

周王朝有一个守藏室，收藏了各种珍贵典籍，汗牛充栋，包罗万象。李耳因学业突出，被任命为守藏室史。

这下子，他宛如扑入了知识的深海，学问愈发渊博了。

在春秋战国时，学识渊博者被称为“子”，以示尊敬，因此，李耳便被称为“老子”了。

老子名满天下，连孔子都要向他请教。不过，他却生逢乱世。

公元前516年，周王室发生了内乱。起因是周景王有

▶《老子骑牛图》中，老子欲出函谷关

两个儿子，一个叫猛，一个叫朝。周景王先是立猛为太子，后来，又改立朝为太子，翻来覆去，反复无常。猛很生气，与朝争位，朝势单力薄，逃往了楚国。在出逃时，朝把典籍席卷一空，都带走了。

老子身为守藏室史，受到牵连，被视为失职。

老子默默无语，辞去了职位。

离开王都后，老子骑着一头青牛，想穿过函谷关，去秦国游历。

函谷关的守官，名为尹喜，好天文、古籍，颇有修养。一晚，他正独倚门楼，凝望天空，忽见东方紫云飘逸，不禁暗道，莫非有圣人前来。

他赶紧出迎，静待来人。

黄昏时分，尹喜翘首远眺，终于看到山路上来了一个老者，骑着青牛，悠闲自得。

尹喜认出了老子，暗自称幸，忙去叩拜，把老子请入关内。

老子婉拒不得，只得进去了。

尹喜问了老子去向，得知老子将要隐居，便恳求老子将其“圣智”写下来，传于后世。

老子心性淡泊，本不想写，奈何尹喜不让他过关，他只好写了。于是，世界上便有了《道德经》。

在《道德经》中，老子写了这样一句话：“治大国若烹小鲜。”

意思是，治理大国就像煎制小鱼，不可翻来覆去，否则，会碎烂的。

这是老子有感而发的。在他看来，身为天子，要神圣庄严，言行稳重，负责任，不能随随便便、颠三倒四，否则，家国就会破碎。

老子把饮食与政治联系在了一起，看起来，有些不可思议。实际上，这正是华夏饮食的一个独特之处。

中国的饮食文化，具有超越性，能够超越自身，进入其他领域。

在古代，饮食文化最常进入的领域，就是政治。由此，还有一个词被创造出来，它就是——调和鼎鼐。

鼎鼐，就是大大小小的菜锅。在春秋战国时，中央王朝与地方诸侯并存，天子接见诸侯时，要举行宴会。这是一种委婉的政治活动，有助于制造气氛、拉拢诸侯。而当诸侯与诸侯会见时，为了便于国与国交往，也要有这种饮食之礼，在桌案上摆满一排排的菜锅。

调和鼎鼐由此便演化出来了。

现今，调和鼎鼐还指代行政首脑的职责。

扩展阅读

马王堆汉朝古墓出土一鼎，内盛2000多年前的汤，上漂藕片。藕片内部纤维已溶解，出土后，与空气一接触，便迅速消失了。但这足以说明古人有悠久的食藕史。

◎严格地吃饭

孔子的幼年凄凉而悲惨，三岁时，父亲就病逝了。

而这，只是凄苦命运的开始。

孔子的母亲，名叫颜徵在，在嫁给他父亲时，没有举行正式的婚姻仪式，因此，被称为“野合”。他父亲一去世，母亲就遭到了驱逐。

母亲抱着他，潸然泪下，四处流浪，最终，来到了曲阜的阙里。

颜徵在是一位伟大的女性，尽管还不到20岁，却担任了慈母和家庭教师的角色。孔子由此有了学识与修养。

不幸的是，孔子15岁时，母亲也去世了。

孔子泪如泉涌，悲恸欲绝。但他没有慌乱，而是显示出了超然的冷静。

他下定决心，一定要把母亲与父亲合葬，要为母亲正名，为自己正名。

于是，孔子四处打听父亲的墓地。

▼《孔子圣迹图》中，孔子母亲在祷告求子

尽管孔氏祖家有意隐瞒，但孔子奔波不停，还是找到了。

孔氏祖家或许是受到了感动，最终默许了合葬。

此事看似平常，实则却是件轰动的大事。今天，一个15岁的孩子要想实现此事，也是极为困难的。

此后，孔子被接受为孔氏家庭成员。他继承了父亲的“士”的地位，从平民转正为了士。

这使他能够接受贵族教育了。

这一年，鲁国的丞相通告全国，

邀请所有的士，到相府就餐，以便为国家选拔人才。

孔子身为士，赶忙前往相府。

相府的守门人，名叫阳虎。阳虎看到一个披麻戴孝的少年过来，颇为瞧不起，便傲慢地说："丞相请士，没请你！"

阳虎之所以如此无礼，是因为社会上还未认可孔子的身份，另外，孔氏家族也正日渐衰落。

阳虎往外轰撵孔子，孔子深受侮辱，默默离开了。

然而，他并没有自暴自弃，而是更加努力学习。同时，还当了管理仓廪、斗量谷料的委吏。

由于他工作得当，一年后，被提升为乘田，也就是羊倌。

古人注重食物、牲畜，因此，羊倌也是一个行政官员。

孔子还有一个兼职：相礼家。

春秋战国时的丧礼，复杂考究，50项程序都有严格规定。而孔子主持丧礼却十分从容，没有半点儿错乱、缺遗。

孔子无论做哪一行，都非常出色，一时，名声大噪。他的学业，也日益精进，名声在外，连鲁国国君都被惊动了。

▼孔子30岁时，创办私学，图为孔子授学

孔子20岁时，到鲁国宗庙修习，汲取了大量知识。他的思想，更臻独到了。

到30岁时，孔子开堂授教，创办了私学。

这是世界上第一所私立学校。孔子打破了贵族对教育的垄断，学问面前，人人平等。他的学员中，有农民，有匠人，有游贩，有商贾，有地主，有各种离奇的人。他们的生活环境不同，品格不同，性情不同，观点不同，一代一代播散下去，到了战国，形成了百家争鸣的局面。

这是孔子无意间做出的贡献。

孔子51岁时，已闻名天下。他先是被任命为司空，掌管水土、工程之事，接着，又被任命为大司寇，负责国家法律、社会治安等。

大司寇，相当于今天的司法部长，俸禄为“六万斗谷子”。

这是极高的待遇。孔子陡然富裕了。

然而，孔子并不奢侈。他没有大鱼大肉地胡吃海塞，而是讲求营养饮食。

比如，他“食不厌精，脍不厌细”。精，是细致的意思；脍，是细切的鱼和肉。而精细的饮食，正便于营养成分的吸收。

他还认为，肉虽好吃，但吃的量不能超过饭。

这种思想，也是很先进的，表明了饮食搭配合理才能充分吸收养分。

在孔子看来，吃太饱，也不是好事。

这与现代营养学观点一致：饱食会导致心脏、大脑等器官缺血。

菖蒲的根是能吃的，很有营养。因此，孔子总是吃菖蒲。每次进食，由于很苦，很难吃，他总要缩着脖子，一直吃了三年才习惯。

在卫生方面，孔子做得非常讲究。

他有“八不食”：粮变味了，鱼、肉腐坏了，不吃；颜色难看，不吃；味道不好，不吃；烹调不当，不吃；菜不新鲜，不吃；肉没切好，不吃；调料不当，不吃；从市集买的酒、肉，不吃。

这几点，都有助于养生。

孔子爱喝酒，不禁酒，但总是适量。

现代医学证明，酒多饮伤身，少饮养身。而孔子早在2000多年前就知道了。

孔子不仅注意吃，还注意吃相。他提出：“食不言，寝

▲簋，孔子时期的食器，也是礼器

▲孔子讲求礼制，在祭祀奉食前，要恭敬地用匜倒水洗手，图为青铜匜

▲孔子出仕时，饮食严格遵循礼制，列鼎而食，图为带盖青铜鼎

不语。”

这也很科学，因为吞咽时，呼吸是暂停的，若说话谈笑，就可能发生呛咳等现象。

孔子对饮食的要求，可谓是最细致、最严格的了。他因此享有了73岁高龄，而当时先人的平均寿命仅为30岁左右。

扩展阅读

孔子之后，孔氏家族的厨艺多为世袭，分工细密，历史上任何家族都无法相比。清朝时，有一年，孔府仅猪肉就用掉11530多斤、香油7980多斤，且筵席规格颇高。

◎古代的冰箱

楚惠王有一个堂兄，叫胜，担任大夫一职。胜会用兵，又礼贤下士，楚惠王很满意。

但他并不知道，在胜的心里，装着满满的仇恨。

当然，这仇恨，并不是针对他的，而是针对郑国。

原因是，有一年，胜的父亲遭了难，逃到郑国。郑国没有救助，反而将其杀掉了。胜因此一心想要报仇。

胜请求令尹子西，去讨伐郑国。

子西答应了，但迟迟没有发兵。

六年过去了，子西前往郑国，仍然没有与郑国为敌，反倒接受了郑国的贿赂，眉开眼笑地回来了。

胜怒不可遏，召集了几个敢死之士，等子西上朝时，立刻突袭，把子西杀了。

之后，胜又劫持了楚惠王，囚禁起来，然后自立为王。

事发突然，楚惠王瞠目结舌，震惊不已。然而，他毫无办法。

一个月后，沈诸梁听到了消息，急忙率军赶来。

沈诸梁就是“叶公好龙”典故中的主人公。现实中的沈诸梁，英勇睿智。他先是取得了楚国人的支持，然后在楚民的拥护下，从北门突入，一举打败了胜。

胜遭到围困，无从突围，只得自杀了。

楚惠王恢复了王位，即刻平定余乱，稳定国势。

▼清朝珍藏的冰箱，外为木制，内为锡制

经过这次战乱，楚惠王注意到了楚民的力量，非常善待楚民。

有一天，庖厨做了凉酸菜，给楚惠王吃。

楚惠王吃着吃着，看到酸菜里有一条水蛭。他怔了一下，然后，面不改色地把水蛭吞下去了。

之后，楚惠王开始腹部不适，吃不了任何东西，一下子病倒了。

令尹很奇怪，不知楚惠王怎么突然患了病，便前去探问。

楚惠王难受地说："我吃凉酸菜时，发现了水蛭，按照法令，负责膳食的人要被处死。我不忍心这样做。但是，如果不治他们的罪，就等于我自己在破坏法令。所以，我就把水蛭吃了，就当什么也没有发生。"

令尹一听，忙离开座位，向楚惠王揖拜，说："天，没有亲疏，只帮助有德的人。国君如此仁德，天自会帮助，此病无妨。"

夜里，楚惠王去厕所时，水蛭排出去了。

此前，楚惠王患有心腹积块的病，这下，也痊愈了。

需要一提的是，在这个故事中，还蕴藏着饮食的故事——楚惠王吃的凉酸菜，是一道凉食。

▼楚国人偏爱冷食，图为楚国人俑

凉食与凉饮，在楚国都颇受欢迎，因为楚国的夏天炎热无比。

为了吃凉食、喝凉饮，还形成了"凌阴制度"，也叫"搬冰制度"。

每一年的11月，楚国人都要凿冰、切冰、搬冰。等到第二年1月的时候，找一个阴凉的地方，铺上稻草、木屑、竹席等，把冰块藏在里面。许多楚民还挖窖，用来藏冰。

◀冰鉴，周朝人用它冰镇食物、饮料，青铜所制，花纹繁复，豪华精致

在楚国的都城——纪南城，仅是中心地带，就有18个冰窖，密集地挤在一起。

无论是藏冰，还是开冰，政府都要举行盛大的仪式，然后，在天热时，给人发冰块儿。

冰块可以放在室内，使人凉快；也可以置于酒壶外，使酒清凉爽口；还可以冰镇食物，如冰镇酸菜。

用来盛冰的容器，为青铜所制，类似瓮，口较大，称为“鉴”或“冰鉴”。这堪称世界上最古老的冰箱了。

扩展阅读

周朝时，韭菜地位重要，被赞为百草之王，用于春天祭祀。芹菜，也是一道祭品。古人还认为，芹能养精、益气、止血、保护血管。这与当今的医学理论是一致的。

◎吃饱才会有教养

孟子的祖上，是鲁国的贵族。不过，到了孟子这一代，家境已然衰落，贫困不堪。

孟子的家与孔子的家都在山东，相距很近，半天工夫，就能走到。大概正是因此，孟子从小就沉浸在儒学气息中。

此时，孔子去世已久，孟子便跟随孔子的嫡孙子思学习。

孟子能吃苦，认真严谨，学得很出色。

日深月久，他逐渐有了自己的政治主张。

他开始前往各个诸侯国，去游说诸侯，按照他的观点治国。

▼名贵的青玉酒樽

一路上，他风尘仆仆，越过了汹涌的河流，翻过了崎岖的深山，千辛万苦，矢志不渝。

一个清早，当晨雾散去后，孟子来到了梁国。

梁惠王为强国称霸，渴望贤才。孟子的到来，让他很高兴，好奇地询问治国之道。

孟子没有直接回答，而是问道："用木棍打死人，与用刀子杀死人，有什么不同吗？"

梁惠王答道："没有什么不同。"

孟子又问："用刀子杀死人，与用政治害死人，有什么不同吗？"

梁惠王答道："也没有什么不同。"

孟子说道："眼下，国君的厨房里，有很多肥肉，马厩里，有很多壮马，可是，百姓却吃不饱，野地里，躺着很多饿死的人。孔子说，第一个用俑代替真人陪葬的人，也会断子绝孙，因为偶太像人了，依然含有残酷的思想。既然用人形的偶来殉葬都不可以，怎么能让百姓活活饿死呢？”

孟子的言外之意是：让百姓饿死，与用木棍、用刀子杀死百姓没两样。

梁惠王听了，默然点头。

之后，梁惠王又与孟子谈论了许多。

然而，孟子推行的是“仁政”，而梁惠王却想通过武力统一天下，二者并不相契。因此，孟子没有得到重用。

孟子没有泄气，离开了梁国。

此后，孟子先后到过齐国、宋国、滕国等。这些诸侯国的国君，都与梁惠王是一样的心思，因此，孟子空有一腔志愿，却无从实现。

▲彩绘砖雕上，使者托举食盒上菜

孟子从政不得后，便专心致力于教育，传授儒家思想。

在他的文字中，也有关于饮食的观点。

他说，自己喜欢吃鱼，也喜欢吃熊掌；人有口腹之欲，是合理的，是好事。

为什么呢？

他的解释是：人只有吃饱了、吃好了，才能有好心情，与他人接触时，也才会和悦，有教养，社会才会和谐。

他又说，吃，是人的本能，但人也该有精神力量，能够战胜这种本能，战胜饥饿，担负大任。

总之，孟子的意思是，吃的欲望，是正常的，但人也要有控制这种欲望的能力。

这种思想，是很深刻的，迄今，对研究人性与人格仍有启发意义。

扩展阅读

楚国有个吴厨师，擅长酸辣羹（类似今天的酸辣汤）、红烧大龟、炸烹天鹅、烤乌鸦、红焖野鸭、铁扒肥雁等。楚国王室为解腻，喝酸浆、糯米酒等；为解酒，喝酸梅羹。

◎国君用餐标准

在中华历史长河中，出现过许多哲学家，墨子就是众多哲人中十分突出的一位。

墨子的父亲，是普通的村夫，每日除了种地，就是砍柴。墨子很小的时候，就到地里放牛了，也干木工的活儿。

随着墨子渐渐长大，他有了心事，时常凝视着黄河奔逝，不发一声。

他想，时间就如黄河之水，稍纵即逝，自己若不学习，就会白活一生。

于是，他决定，离开大山，拜访名师，学习知识。

当时，儒学最流行，墨子便选择了儒学。

学着学着，墨子有些失望了。儒学尊重上天、神灵、礼仪等，他觉得，这纯粹是华而不实的东西。

他把儒家经典，视为废话，再也不学了。

不过，有一个儒家观点，倒是得到了他的肯定，那就是“爱”。

墨子也强调，要爱人，要孝、慈、义等。

到了这个地步，墨子几乎有了自己的学说。他开始到各地讲学，除了抨击儒学外，就是反对暴政。

墨子来自社会底层，深知下层人的疾苦，因此，他的学说，都很实用，他说的话，能引起很多共鸣。

这下子，下层的士、小手工业者，都跑来追随墨子了。墨子

▼奢华的周朝食器，青铜所制，上有金银纹

的学生，浩浩荡荡，足有几百人。走路时，腾起的灰尘，蒙蒙一片。

有一年，楚国的鲁阳文君，要攻打郑国。墨子想到战乱会给百姓带来苦难，便赶去楚国，进行阻止。

鲁阳文君告诉墨子，郑国的好几代人，都残杀他们的君主，上天惩罚他们，让他们三年不顺利，所以他攻打郑国，是顺应天的意志。

墨子说，有这样一个人，凶残蛮横，不成器，他的父亲便用鞭子抽打他。邻居看见了，抄起木棒，也来打他，说这是顺应了他父亲的意志。这难道不荒谬吗！

▼古朴的陶壶，可用于盛酒

鲁阳文君陷入了沉思。

墨子劝他，既然上天已经惩罚了郑国，就没必要再去攻打了。

鲁阳文君被说服了，放弃了战争。

楚国打算让墨子受封，墨子婉拒了。越国也打算封地给他，墨子仍未接受。

墨子的地位，与劳动者差不多。他的学派，却影响极大。

▼简陋的陶碗，古人用它盛饭或羹

他的主张，已完全成熟，不仅包括“兼爱”“非攻”，还包括“节用”等。

他提出，如果国家贫弱，就要节用，去除无用之费，不要吃个饭都弄得很隆重，一丈见方的地方，都摆满了食物。那是摆谱，不实用，没意义。

在他看来，人不应该追求美味，只要吃饱，身体没病就行了。这就是吃饭的意义和目的。

他还制定了一套君主用餐标准：

一饭一菜；盛饭菜的用具，不能是青铜的、金的，而是陶土的。

这种观点，与墨子的底层出身有关，反映了小生产者的愿望。

无疑，这个愿望是朴素的，纯净的。但它也是不现实的，不客观的。因为一旦小生产者富了之后，也会向往美食的。

扩展阅读

春秋战国时，只有统治者、贵族常吃肉。高级官员赴宴时有野味，低级官员没有。平民很难闻到肉味，为“食蔬者”。奴隶吃米要带壳，为“犬彘之食”——狗猪吃的东西。

◎分餐的悲剧

甲骨文中，有一个好玩的字。字形像一个人站在食器旁，吃完后，正准备离去。

这是个“鬲”字。

鬲，是商朝人用来煮粥的。它很小，只够一人一餐。这也表明了，商朝实行的是“分餐制”，也就是各吃各的。

当奴隶或平民到野外去干活时，就一人带一鬲。等到饿了的时候，就舀点河水，用鬲煮粥，坐在埂上，自己吃。

因此，一个奴隶也可以叫“一鬲”。一个劳动的平民，也可以叫“一鬲”。

这种分餐制度，延续到周朝时，仍旧很严格。结果，导致了一起悲剧。

事情发生在孟尝君家里。

孟尝君是齐国的贵族，才学卓著，尊重贤士。为了招纳贤才，他甚至舍得抛弃家业，也要给贤士丰厚的待遇。于是，他很快就有了几千名食客。

孟尝君对待食客，不分贵贱，自己吃什么，也给食客吃什么。进餐时，他还会叫来一个侍史，站在屏风后，记录谈话内容。当食客离开后，他就让人根据记下来的地址，赶赴食客的住处，送以礼物。

一个傍晚，孟尝君再次设宴，召请贤士。由于天黑，室内点上了烛火。不料，有人没留意，把烛光挡住了。一个食客见了，以为“饭不等”——自己的饭菜不好，不禁生了气。

此人面色难看，放下碗筷，就要离开。

孟尝君连忙站起来，亲自端着自己的饭食，让这个食客看。

食客凝神一瞧，饭菜一模一样。

◀早期分餐制中，鬲为主要食具，图为象眼青铜鬲

他非常羞愧，无地自容，立刻用剑抹颈，自杀了。

这是分餐制造成的悲剧，如果他们不分食的话，而是聚在一起、同桌合餐，这场悲剧自然就不会发生了。

不过，分餐制并未终结，直到唐朝时还有出现。

宋朝时，椅子多了起来，许多人便围着一张食案吃饭了，和餐制这才正式开始，延续到今天。

扩展阅读

中原诸国的宴会，讲究礼俗，人在七岁以后，就不能男女同席、同餐。但偏远的诸侯国，如楚国、郑国、卫国等，则男女杂坐，被中原嘲笑鄙视为不敬、不道德。

◎吃饭的小曲儿

战国时，诸侯国之间的争霸战争，愈演愈烈了。

秦国与赵国，都是大国，都想灭掉对方。秦国锋芒更锐，最先采取了行动。

秦国找了个借口，说秦国攻打齐国时，想和赵国联手，但赵国不肯，心怀鬼胎，秦国无法，只能向赵国开战。

公元前282年，秦军冲向了赵国，占领了两座城池。

第二年，秦国干脆连借口都不找了，直接杀了过去，占领了石城。

第三年，秦军再一次潮水般涌来，杀了赵国3万人。

这三次战争，打得赵国国君胆战心惊，畏畏缩缩。

秦国趾高气扬，想利用外交手段，迫使赵国彻底屈服。于是，在第四年的时候，秦国便通知赵国，要在渑池（今河南境内）会谈。

赵国国君是赵惠文王，他害怕，不敢去。

▼战国诸侯墓出土乐器，再现了当年的“钟鸣鼎食”场景

大臣廉颇、蔺相如商量了一下，对赵王说，还是要去，不然，会显得赵国软弱。

赵王无奈，只好去了。

廉颇是武将，一直把赵王送到边境线上。

临别，廉颇告诉赵王，此次会谈，加上往返路程，不过30天；30天过后，若赵王还未归来，就意味着已被秦国扣留，赵国就立太子为王，免得秦国用赵王来要挟。

赵王答应了。

一路上，他饮食无味，忐忑不

◀战国编钟，用于进餐时敲击演奏

安地来到了渑池。

秦国国君是秦昭襄王，也已经到了。

筵席摆了上来，秦王畅快地喝起酒来。

一时，秦王去看赵王，说："听说你爱弹瑟，请弹一曲吧。"

春秋战国时，根据礼制，在宴饮活动中，要有乐人奏乐。乐人敲击编钟，鼎里盛着美食，这种情形，被称为"钟鸣鼎食"。

钟鸣鼎食，只是一个概念、制度，并不一定非要击钟，也可以演奏其他乐器，如瑟、缶等。

为了演奏这些吃饭的小曲儿，宫中有一群大大小小的官员，包括大司乐、大师、小师、钟师、笙师等。他们要根据不同的饮食活动，演奏不同的音乐。

当进餐完毕后，音乐仍要继续，直到剩饭被收拾干净，方可终结。

钟鸣鼎食表明，饮食已经走上了娱乐化之路。

在战国末期，钟鸣鼎食已经不太严格了，但仍有很重的政治分量。

在渑池之会上，秦王让赵王弹瑟，赵王习惯了钟鸣鼎食，没有多想，便弹了一曲。

瑟音刚落，秦国的史官就走了过来，一边写，一边念："某年某月某日，秦王命赵王弹瑟。"

▲战国青铜器上图案——击钟侑食

蔺相如顿时明白了，这是秦国设下的诡计，想威压赵国。

他立刻上前，对秦王说："赵王也听说秦王擅乐，现在我献上缶，请秦王敲敲。"

秦王勃然大怒，粗暴地拒绝了。

蔺相如捧着缶，跪在地上，不肯退却。

秦王很尴尬，一动不动。

蔺相如便以死相抗争，坚持要秦王击缶。

秦王勉强抬起一只手，不情愿地在缶上敲了一下。

蔺相如站起来，叫来赵国的史官，一边写，一边念："某年某月某日，秦王为赵王击缶。"

秦国没有占到上风，秦王离去时未免怏怏然。

赵王安全归国，赵国又调集了大军，防守边境，秦国一时不敢妄动了。

扩展阅读

商周时期，种菜是一种专门的职业。朝廷有名为"场人"的官吏，是种菜专家。圃，为专业的菜园子，种有韭菜、蔓菁、萝卜、霍叶、蓼菜、藜菜、蘋菜、荇菜等。

◎味儿也能伤人

公元前257年，秦国围攻赵国，首都邯郸告急。赵王又气又急，想起秦王的儿子子楚正在赵国，便想杀死子楚。

子楚觉察到了危险，心急火燎地找人商议。

一个叫吕不韦的商人挺身而出，自告奋勇地表示，自己能帮子楚逃回秦国。

子楚有些不相信，但又没有别的办法，只好任由吕不韦去活动。

吕不韦的妙计很简单，就是拿钱贿赂守城官吏，然后，让子楚溜出城去了。

计策虽简单，付出却不少，吕不韦足足花费了600斤黄金！这几乎是他的全部家当，他一夜间就倾家荡产了。

◀豆，食器，彩绘斑斓，木雕水鸟，奇特美丽

吕不韦却一点儿也不心疼，仍旧从容自若。在他看来，子楚并非凡俗之人，日后必有出息，会加倍报答他的相救之恩。

由于子楚的妻、子还未逃走，吕不韦便在赵国保护母子俩。

六年后，回到秦国的子楚，继任为王，秦赵两国的关系又有了缓和，子楚的妻与子也回到了秦国。

子楚感念吕不韦的救护之恩，任他为丞相，封文信侯。

就此，吕不韦拥有了自己的食邑，身价陡增。

三年后，子楚病逝了，子楚的儿子——政，继立为王。

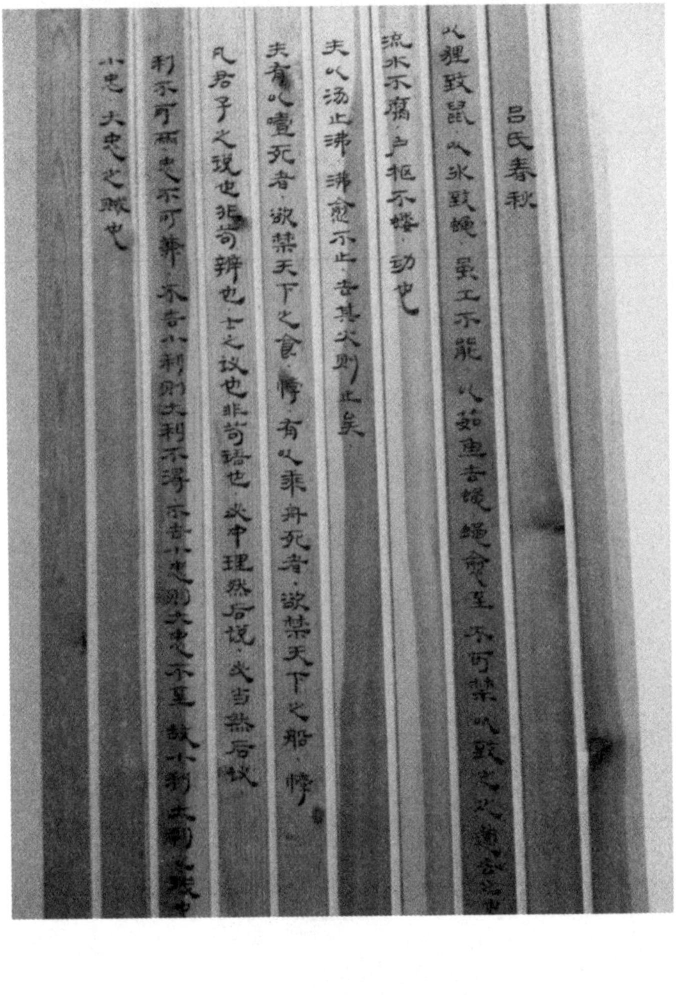

▶竹简上的《吕氏春秋》

政，在被幽困赵国时，一直都受吕不韦保护。因此，政一继位，就尊吕不韦为“仲父”。

这下子，吕不韦更加阔气了，光是家仆，就有上万人。

正值春风得意，吕不韦忽然听说，魏国、楚国、赵国、齐国的四个王室公子，每个人都拥有成百上千的门客，浩浩荡荡，热闹非凡，名闻海内。

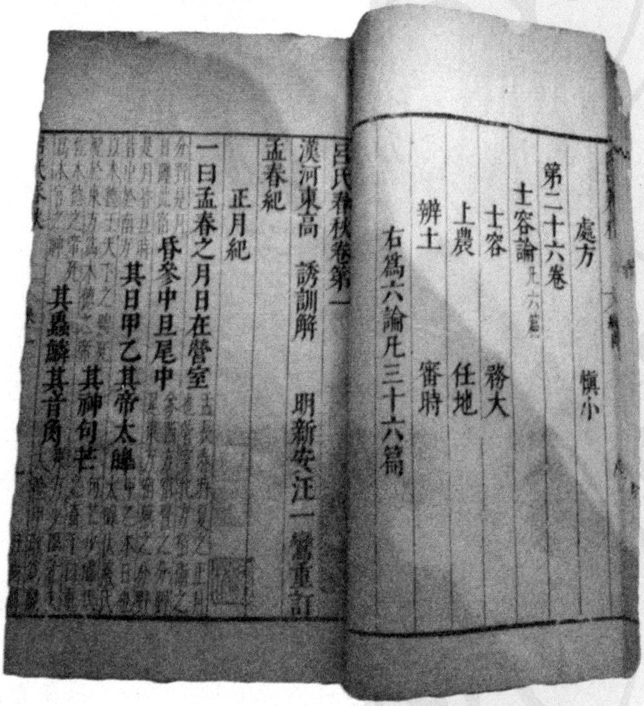
處方 愼小
第二十六卷
士容論 凡六篇
士容 務大
上農 任地
辨土 審時
右爲六論凡三十六篇
呂氏春秋卷第一
漢河東高 誘訓解 明新安汪一鸞重訂
孟春紀
正月紀
一曰孟春之月日在營室
昏參中旦尾中
其日甲乙其帝太皡
其神句芒
其蟲鱗其音角

▲对后世影响极大的《吕氏春秋》

吕不韦不禁想到，秦国比那四个诸侯国都强大，自己身为强秦的丞相，怎么能被他们比下去呢？

他暗下决心，一定要与他们争个高下。

有了这个想法后，吕不韦便四下招纳文人学士。由于他给予的待遇十分优厚，很快就涌来了3000多门客。

在这些门客中，有许多才辩之士，也有许多博识之人，擅长著书立说。吕不韦便让他们记录见闻，编纂成册。

书成后，吕不韦又命人将内容写在布上，悬在咸阳的城门上，同时，还悬着1000两黄金。

吕不韦发出号令，若有谁能增删一字，就把这1000两黄金作为奖励。

各个诸侯国的文士得知后，蜂拥而来，想要挑战。但却没有一个人能加入一个字或减掉一个字。

这部如此精致的书，被称为《吕氏春秋》。

《吕氏春秋》共计20多万字，囊括了天地万物的事理，其中，也包含了对此前饮食发展的总结。

书中写到，菜要调味，以便清除原有的恶味，激发出潜在的美味；调味，离不开加热，加热要有度，不要不足，也不要过头。

书中还写到，饭菜能养人，也能伤人；人不能过饥，也不能过饱；若饭菜不足，人就会虚弱；若厚味（美味）过多，也会加重身体负担。

书中又写到，调菜的五味，也能伤人；过甜，会使人心胸闷满；过酸，会伤到脾胃；过咸，会对骨骼发生影响；过苦，会令胃脘胀满；过辛，会使人精神不振。

这些观点表明，饮食理论已经进入了思辨领域。

扩展阅读

周朝是宗法社会，等级森严，级别不同的人，有不同的食制。比如，诸侯宴请上大夫时，要备有8个豆、8个簋；宴请下大夫时，则备有6个豆、6个簋，削减了1/4。

第四章
秦汉盛筵

汉朝时，南北东西民族发生大融合，在各种文化的碰撞与交流中，饮食变得多样化了，烹饪也走上专业化的道路。汉朝人还发明了豆腐、植物油等，而且，今天通行全国的主食基本都有了。一天三顿饭的食制，也基本确定。饮食还显示出超越性，进入了政治领域。

◎坐的规矩

在徐州的沛县，有一个干杂活的人，名叫周勃。

周勃家境贫寒，青年时，终日织薄曲（蚕具），卖给养蚕的人以为生计。抽空，他还去做吹箫乐人，给有丧事的人家吹奏。

由于他力气很大，他又做了拉强弓的勇士。

随着他的武艺逐渐精进，他被选拔为材官，负责训练步兵。

周勃和刘邦是同乡，刘邦四下奔走、打天下时，他便

▼鸿门宴壁画上的张良

跟随左右，不离不弃，立下了功劳。

此后，周勃东征西讨，变得勇猛无比了。

周勃勇猛到了什么程度呢？

史书是这样记载的：周勃攻打反叛的韩王，一路长驱直入，先是降服了一个县，又突击了胡人的骑兵部队；接着，又把附近的叛兵也都收拾干净了；然后，又杀了个回马枪，把韩王的大军击溃了。

周勃用兵如神，几乎每一次微小的行动，都能获得很大的战果。

▲鸿门宴壁画，刘邦（右）正欲入席就坐

而且，他在追击敌军时，总是穷追不舍，咬住不放。

有一次，他一直追了80里地，部队行军犹如一阵飓风。有一些敌兵干脆不逃了，就坐在地上等待被俘。

周勃在攻打燕王时，也如秋风扫落叶。

他先是活捉了好多个燕王的部下，使燕王的智囊团千疮百孔。

然后，他又直击燕王，一打再打，一破再破，燕王只来得及撤退，来不及招架。

周勃又开始了拼命追击，一直追到长城，然后，横扫叛军。

几乎就在一眨眼的工夫，他就战功赫赫了。在上谷，他平定了12个县；在北平，他平定了16个县；在辽西辽东，他平定了29个县；在渔阳，他平定了22个县。

在他的俘虏中，不仅有丞相，也有将军，等级都极高。

刘邦非常高兴。他觉得，周勃既勇猛忠诚，又质朴刚强，还老实敦厚，值得托付大任，于是，便赐给周勃食邑，封为绛侯。

周勃身居高位后，总要会见一些儒生和游说之士。每当这个时候，他就面向东边坐着，然后，一本正经地说："赶快说吧。"

在古代，坐西面东，是最尊贵的。

东向为尊的礼俗，源于周朝。周朝的尊者去世后，尸体要放在屋里的西墙前，面向东。因此，后人在摆放食物祭祀时，也要摆向东面。

天子在太室祭祖时，第一神主，也是东向；第二神主，是南向；第三神主，是北向。天子要向西跪拜。

周朝以后，在饮宴中，东向为尊的礼俗已经确定下来。

周勃被封爵后，身份高贵，便东向而坐了。但有一些儒生觉得周勃粗鄙，不配东向而坐，因此，传出了一些风言风语，认为周勃此举是侮辱了自己。

周勃压根不理，在会见饮宴时，照旧面东而坐。儒生们见了，也只得作罢了。

扩展阅读

项羽邀刘邦到鸿门赴宴。项羽东向而坐，最为尊贵；项羽的谋士范增南向而坐，第二尊贵；刘邦北向而坐，地位很低；刘邦的部下张良向西坐，地位最低。项羽是想以此侮辱刘邦还不如自己的谋士。

◎一天吃几顿饭

公元前199年，在汉朝皇宫中，有一个赵美人，年轻俏丽。她不争宠，也不干涉政事，却不幸受到一起事件的牵连，被囚禁起来。

赵美人悲伤地哭泣，告诉狱吏，自己曾受到皇帝临幸，现在，已有身孕。

狱吏可怜她，如实禀报给皇帝。

皇帝已有新欢，早就不在乎赵美人了。另外，他正在气头上，因此，未予理睬。

赵美人的家人赶紧去找权臣审食其，请他求情。

审食其去求了情，但受到皇后阻拦。皇后嫉恨赵美人，不肯解救。

赵美人悲怆不已，心怀幽怨，一个深夜，在生下皇子后，悄然自杀了。

这个孩子，便是刘长。

▼汉朝人用来储酒的酒桶

刘长慢慢长大，十几岁时，被封淮南王。虽然有了权位，但丧母的痛苦，一直萦绕在他心中。

他觉得，这一切，都是审食其造成的，日后若有机会，绝不轻饶审食其。

公元前177年，刘长从封国入朝。在拜见了皇帝之后，他前往审食其府上。

其实，审食其当年并非有意要害赵美人，只因皇后暗中作梗，他也奈何不得。

此刻，审食其听到刘长到府，没有多想，急忙出来相见。

结果，刘长的袖中藏着铁椎，扯拽出来后，冲着审食其就是一阵捶击。

然后，刘长又让随从动手，把苍老的审食其打得血肉模糊，当场咽了气。

杀人后，刘长驰马奔至宫中，跪在地上，向皇帝请罪。

此时的皇帝，为汉文帝。汉文帝听了之后，吓了一跳，非常生气。然而，他又哀悯刘长之心。最终，他宽恕了刘长。

不想，此事过后，刘长越发骄纵。

刘长回到封国后，不仅不依朝廷法令行事，在出入时，还令人警戒清道，并把自己发布的命令称为“制”，模仿皇帝的声威。

▼壁画上的对饮图

刘长还不把汉文帝称为“皇帝”，而是称为“大哥”。

一些大臣认为，刘长有谋逆之心。但汉文帝还是可怜刘长失母之痛，不忍责罚。

公元前174年，刘长召集了70个人，准备让他们藏在40辆大车里，谋反起事。

就在刘长派人联系闽越、匈奴时，由于使者跑来跑去，被人发现了，报知了朝廷。

汉文帝大惊，不敢相信，急召刘长入京。

丞相等人提出，这一回，一定要将刘长依法治罪。

▼侍女调羹壁画

汉文帝默默不语，最终，拟了一诏，说：“我不忍心。”

群臣不依，继续上书，说刘长犯了死罪，必须得惩治，若皇帝实在不忍心，就把他流放到蜀地，不必杀了；若皇帝还是不放心，就让蜀地县署给他盖房、种粮、种菜，提供盐、豆豉、炊具等。

大臣们一直恳请了三次，汉文帝勉强同意了。

末了，汉文帝又补充说，还要每天给刘

长提供5斤好肉、2斗美酒；刘长宠幸的十多个妻妾，也都跟着陪伴，免得寂寞。

刘长虽然被判流放，但汉文帝照旧维持了他诸侯王的待遇——每日肉5斤、酒2斗。这是诸侯一日三餐的生活标准。

一日三餐的食制，是在汉朝确定下来的。

其实，早在人类步入文明时，就懂得要定时进餐了，还有了“不时不食”的教诲，意思是，不到固定的时间不吃饭，要定点饮食。

汉朝以前，每天都是两顿饭。早餐，在上午10~11点；晚餐，在下午3~5点。普通人的早饭，为1/2斗，晚饭为1/3斗。

汉朝以后，由于一日两餐容易饿，便改为一日三餐。

皇帝或大臣有时一日四餐，这与早朝制度有关。他们天没亮就去上朝，未免会饿肚子，因此，起来后，会吃一点儿麻花等小食品。下朝后，再吃正式的早餐。然后，便是午餐和晚餐了。

汉文帝可怜刘长，给刘长安排了丰富的一日三餐。然而，刘长想到自己因一时骄纵而落此结局，未免郁闷，便绝食而死了。

扩展阅读

汉朝规定，皇帝的“饮食之肴，必有八珍之味”。皇帝吃尽了天下之味，为了刺激食欲，庖厨总在食物造型上做花样，但有时太过，会舍本逐末，失去了自然之美。

◎豆腐与诸侯

刘长死后，其子刘安承袭爵位，出任新一代的诸侯——淮南王。

刘安与父亲不同，他不好狩猎，不好奔驰，而是喜读书，喜鼓琴。他潜心治国，不时挥墨著书，颇为洒脱。

刘安还很谦逊，礼贤下士，尊重人才，淮南国的都城，成了名流的集散地。

无论哪一方面的人才，刘安都不嫌弃。在他的门下，不仅有学儒术的、学道术的、学医术的，还有物理学家、化学家、天文学家、水利学家、地理学家、经济学家等。

有一天，有八个人结伴前来，求见刘安，说是精通炼丹。

来者都是白发苍苍的老者，门吏见了，有些轻视，便拦阻在外，不予通报。

八人仍要进来，门吏偏不让进，一时喧闹争执起来。刘安听到声音后，赶忙跑出来迎接。他顾不上穿鞋，赤脚就奔出来了。

▼青铜量，上刻字迹，异常珍贵

▶量，汉朝人用它称量豆类等谷物

八公受到了刘安的礼遇。之后，他们在丹室中，开始炼丹。

一个早晨，八公正在往丹炉中加入硫磺等物，刘安进来观看。

◀存放大豆等谷物的陶桶

淮南一带，盛产大豆，淮南人把大豆用水泡好，磨成浆状，又加入麦芽糖，作为甜饮喝。刘安进来时，手里便端着一碗这样的甜豆浆。

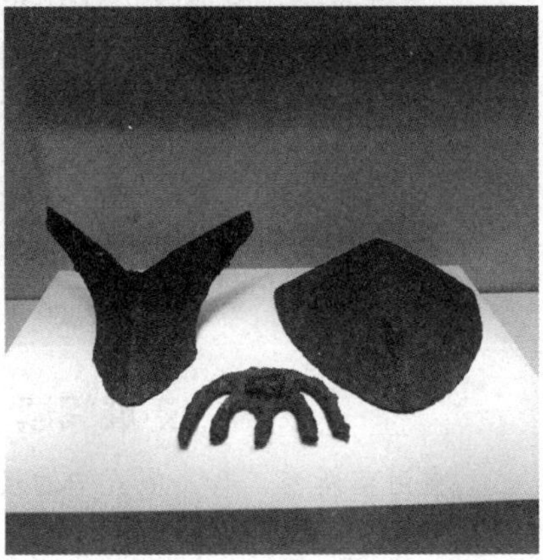

◀用于耕种大豆等作物的五齿耙、铁犁

他一边喝，一边看，一时出神，手一动，豆浆洒了出来，溅到了一旁的卤上。

卤，就是盐卤，是一种天然盐，味苦有毒。当豆浆落到盐卤上后，几乎眨眼的工夫，盐卤竟然不见了，豆浆仿佛凝固了，成了一摊白色的物体。

这是一种化学反应，盐卤中的氯化镁，使豆浆中的蛋白质团粒聚集到一起，结成了块。

古人并不理解这种变化，顿时惊异起来，纷纷琢磨这是什么东西。

有一个人大着胆子拈了一点儿，尝了尝，觉得很鲜嫩，不似毒物。

众人一见，七嘴八舌地畅想起来，想要多制作一些，作为吃食。

刘安马上叫人把剩下的豆浆都端来，与盐卤搅拌在一起。一会儿，又结出了白色物质，软乎乎的、颤巍巍的。

刘安连呼离奇，眼睛瞪得老大。

就这样，豆腐横空出世了。

制作豆腐的原料，为大豆，属于菽类。菽，本为谷物，属于饭类，却不成想，菽制出的豆腐，却属于菜类。

豆腐的诞生，改变了大豆的命运。大豆不再平凡，而是升华为世界级文化。

豆腐柔而软，看似没个性，其实，这正是它的个性。这种个性，让中国人有了极大的饮食创造空间。

有了豆腐，人类在吸收大豆蛋白时，也变得容易了。甚至可以说，豆腐促进了人类的进化。

豆腐的发明，是中国对整个人类的重要贡献之一。

扩展阅读

在河南新密，有一座豪华的汉朝古墓。墓中壁画反映了汉朝人的真实生活，其中有一组制作豆腐的工艺图，展现了做豆腐的流程，为世界上第一个关于豆腐的记载。

◎第一次进出口食物

汉朝与匈奴交恶，汉武帝忧心忡忡。

这时，他偶然听说，在西域，有个国家叫大月氏，大月氏的王，被匈奴杀死后，头颅被制成了酒器。大月氏人心怀仇恨，一直想报仇，但力量单薄，难以施行。

汉武帝心上一动，顿时决定，联合大月氏，共同攻打匈奴。

于是，他派遣郎官张骞出使西域，寻找大月氏国。

公元前138年，张骞率领100多人，开始了跋涉。

在茫茫戈壁上，风沙肆虐，饮食稀少，但张骞毫不退缩，在艰难中，坚定地前进。

不巧的是，刚入大漠不久，他们就迎面碰到了匈奴的巡逻兵，当下，全被俘虏了。

张骞等人被软禁起来。这一关押，就是漫长的十年。

张骞日夜忧心、焦虑，没有一刻忘掉自己的使命。

一天，他趁着匈奴的监视有所松弛，便趁着天黑，逃了出来。

▼汉朝庖厨画像，厨内景象忙碌

十年时间，光阴流逝，世事变迁，但张骞意志坚定，没有丝毫改变。他没有返回长安，而是继续深入沙漠。

此时，西域的形势也发生了变化。大月氏国一再迁徙，一直迁到咸海附近。张骞一边打听，一边跋涉。

一路上，极为艰苦。走在沙漠上，飞沙走石，热浪滚滚；翻阅葱岭时，又要忍受刺骨寒风、皑皑冰雪。

沿途，人烟稀少，水源和食物奇缺，只能射杀禽兽充饥。不少人太过饥渴，走

▲张骞出使西域壁画，前为张骞，向汉武帝跪拜而别

▲壁画上，汉武帝送别张骞

▲张骞通西域后，苏武出使西域，图为《苏武牧羊》，临别饮酒

着走着，就倒下了，再也没有起来。

好不容易来到了大月氏国，情况又发生了变化。

此时的大月氏国，土地肥沃，物产多样，远离匈奴，生活安定，已经没有复仇之志了。

张骞只得动身返国。

为躲避匈奴人，张骞特意改变了路线。不料，此时的匈奴，地盘扩大了，他即便绕路而行，也未能躲开匈奴。

他再一次被俘虏了。

一年后，匈奴发生了内乱，张骞趁机出逃，衣衫褴褛地总算回到了长安。

从出汉到归汉，已过去了13年。出发时，有100多人，回来时，只剩下2人。

如此九死一生，如此坚定执着，令汉武帝唏嘘不已，感动不已。

人们以为张骞早已死了，不料却最终归来，顿时朝野震动，纷纷感慨。

张骞此次出使，没有完成联合大月氏的任务，可是，此行对历史的影响，却是巨大的，前无古人的。

它加强了中原与西域的关系，使中国与中亚、西亚、南欧有了密切联系。后人沿着张骞的足迹，走出了闻名世界的丝绸之路。

在饮食方面，一条引进、输出食物的链条，也随着张骞的足迹展开了。

西域有36个小国，人却很少，一共才有三五万人。小的国家，只有1000~2000人。每个国家，都别具风情，都有各式食物。胡饼，就是一种风味小食。

胡饼，类似今天的烧饼，上面撒着芝麻。芝

麻，也叫胡麻。胡饼不是烙出来的，而是在炉中烘烤出来的。有的胡饼，还有馅。

张骞归来后，胡饼被引进中原。

此外，黄瓜、菠菜、胡萝卜、香菜、茴香、蚕豆、豌豆、大蒜等蔬菜，也都引进了；胡瓜、胡桃、胡麻、石榴等水果，也引进了。

通过丝绸之路，饮食文化的对外传播，也出现了一个高潮。

中原的桃、李、杏、梨、姜、茶等物产，传了出去。

▲中原的桃子通过丝绸之路传到西域，图中人物正在献桃

最具民族特色的木制筷子，也传到西域。

传统的烧烤技术——啖炙法，沿着丝绸之路，传到中亚和西亚，形成了烤羊肉串。

在历史上，这是第一次大规模的食物引进、输出，堪称最早的食品进出口。

扩展阅读

汉朝的饮食，注重香、色、形等，烤乳猪、烤鸭、烤全羊等，就是因此而诞生的。它们采用了切割、捆扎、镶嵌、填充、串结、包卷、雕刻等方式，又好闻，又好看。

◎炒菜：饮食史上的里程碑

在洛阳一个商人之家，有一个少年，名叫桑弘羊，年纪虽小，经历却很传奇。

洛阳的前身，是周朝的都城，居民多是贵族后裔，有着经商传统。桑弘羊生于这种环境，对商业、经济，格外敏感。

他的父亲，也是成功的商人。他从小就厮混在父亲身边，能迅速地进行数学计算。

父亲见他一本正经的样子很好玩，便鼓励他帮家里理财。他立刻答应了，结果，做得有声有色。

桑弘羊擅长心算，出神入化，令人惊异，年仅13岁，竟然名动洛阳了，连皇帝都惊动了。

皇帝格外欢喜，忙下诏书，召桑弘羊入宫。

此次入宫，改写了桑弘羊的生命轨迹。他原本是要子承父业的，现在，则走上了仕途。

这意外的命运，让桑弘羊又惊又喜，他决心要创造出一段传奇。

▼庖厨图，右边女子正在煎炒

入宫后，桑弘羊先是担任侍中，陪侍汉武帝读书。

这段生涯，让桑弘羊与汉武帝的关系，日渐亲密。桑弘羊也借此机会，研读了很多学说，丰富了知识。

汉武帝继位后，由于常年攻打匈奴，耗费了极大的军费，国家穷得叮当响。汉武帝心急火燎，不停地想办法。

他甚至鼓励百姓捐款，还专门树立了一个捐款的模范。然而，百姓把钱看得更紧，一文都舍不得往外拿。

汉武帝便实施了盐铁政策，由国家垄断盐、铁，借此赚钱。

由于桑弘羊善于计算，汉武帝便让他参与进来。

桑弘羊终于有了发挥才干的机会。他兢兢业业，勤勤恳恳，专心工作，极大地扭转了亏空。

▲汉代宴饮画像砖，场面热闹欢快

汉武帝大喜过望，这才感觉轻松了，把桑弘羊晋升为治粟都尉，领大司农，担任财政高官。

在接下来的五年里，桑弘羊的理财能力，越发精进。

他提出，商人总是隐瞒资产、偷税漏税，国家若是能把这些财产税收上来，也是一大笔收入。

汉武帝大悦，下令在全国施行。

结果，只用了三年时间，国库就充盈了。汉武帝又有钱去打匈奴了。

桑弘羊还创立了“平准”，由国家平衡物价，稳定物价。

汉武帝满意极了，不仅赐了桑弘羊爵位，还赐他200斤黄金。

桑弘羊还和其他大臣一起，提议铸造五铢钱，统一货币。

此举，又增加了国家的财政收入，巩固了汉武帝的统治。汉武帝笑得合不拢嘴，对桑弘羊的信任，无以复加。

公元前110年，桑弘羊代理大农令，此后，独掌财权23年。

公元前87年，早春2月，桑弘羊却迎来了一个悲伤的日子。

汉武帝病重，卧身病榻，连起身都困难了。

回顾多年的相伴相守，桑弘羊老泪纵横，哽咽难言。

汉武帝临终时，又加桑弘羊为御史大夫，嘱咐他和霍光等人一起，辅助新皇帝——汉昭帝。

桑弘羊痛哭失声，说自己一定尽心竭力，死而后已。

然而，汉昭帝只有八岁，还不懂事，国政都由霍光把持着。霍光，是霍去病的弟弟，入宫二十多年，严谨自律，没有犯过一次错误，因此，深得汉武帝的信任。不过，霍光与桑弘羊的经济理念不同，分歧便由此出现了。

桑弘羊推行的经济政策，限制了权贵的利益，引起了反对浪潮。霍光便说，压力太大，没有必要，可在经济上放松一些。

桑弘羊不干，坚决要严管。

霍光有些不自在，心里不太高兴。

此时的桑弘羊，位高权重，渐渐地有些自大了。很多时候，他竟然自夸起来，还利用自己的功劳，为人谋官。

▼汉朝画像砖，图中人物正在按序上菜

而霍光都不留情面地拒绝了。

桑弘羊很生气，与霍光疏远了。

这是桑弘羊悲剧的开始，可惜的是，他没有意识到。

公元前81年，霍光提出，举行盐铁大会，由众人共同商议，是否要罢黜盐铁政策。

霍光的目的，是想借此打击桑弘羊，因此，他指使人大肆否定盐铁政策。

桑弘羊坚决不同意，因为盐铁政策是汉武帝制定的，是他执行的，他若赞成，就等于否定了汉武帝，否定了自己，否定了汉武帝对他的深厚恩情。

因此，他誓死捍卫，激烈论辩，不肯退缩半步。

盐铁会议从2月一直开到7月，在长达5个月的时间里，桑弘羊遭到了众人的围攻。他在四下喷溅的唾沫星中，努力抗争，但却无济于事。

霍光胜利了，盐铁政策被废黜了，桑弘羊跌至了低谷。

桑弘羊一下子失去了权势。第二年9月，霍光又暗设计谋，把他卷入一桩谋反事件中，将他杀死了。

桑弘羊死后，他的经济思想，却永存青史；那场决定他生死的盐铁会议，也成为宝贵的经济研究资料。

事后，有人把盐铁会议上的辩论，整理成书，流传后世。

由于会议的主角是盐，因此，与盐相关的饮食，书中记载了很多。其中有一条记载是：客店里，卖韭菜炒鸡蛋。

这说明，在汉初时，已经有了炒菜。

汉朝以前，古人做菜多是煮、炸、烤。可是，叶茎菜不适合炸、烤等。若是水煮，倒还可以，但若不用米汤煮，而只用清水煮，也不好吃。

而炒菜的发明，则改变了这一切。

炒菜时，菜要切成末或丁、片、块等，如此一来，调料就容易浸入，吃起来就会滋味十足。

炒菜的时间短，营养流失少，还有利于健康。

在饮食文化中，炒菜是中国所独有的。它的出现，是烹调史上的大事。不过，汉朝的炒菜，并不多见，韭菜炒鸡蛋算是奢侈的新奇玩意儿。

到了南北朝时，炒菜才有明确的文字记载。《齐民要术》中记载了两道炒菜。

第一道是炒鸡蛋：先把鸡蛋打破，放在铜铛中；搅拌后，用芝麻油、豆豉、葱白、盐米翻炒，甚香美。

第二道是炒鸭肉末：把刚成熟的鸭子宰杀，烫掉羽毛，去头，去内脏；再洗干净，将鸭肉剁碎；用热锅炒，放入葱、椒、姜等。

这在世界饮食史上，堪称一个里程碑。不过，这时的炒菜还是很少。直到宋朝时，商业大盛，炒菜才迎来了春天。

扩展阅读

在汉朝皇宫，一年支出的膳食费为2万万钱，相当于2万户中等人家的全部家产；每天支出的膳食费为54.8万钱，相当于2700多石优质粱米，或9.1万斤精肉。

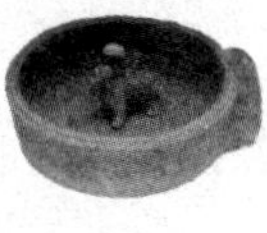

◎茶也得伺候

王褒年轻时，孤苦贫穷，一边耕地，一边读书，一边侍奉母亲。

他研读刻苦，习作颇多，常在一个野池塘里濯洗笔砚。他的洗墨身影，竟成了当地的一道风景。

王褒在努力自学中，逐渐精通了古籍，出口成章，被传为奇谈。他又性情乐观，诙谐幽默，让人感觉愉快。

在蜀地，益州刺史听说了他，请他做客。他应邀而来，并写下了三首诗。

刺史看了，又惊又喜，拍案叫绝，把诗当作歌词，命人依照古乐的旋律演唱。结果，轰动一时。

王褒初来蜀地，租住在杨惠家中。杨惠有个家仆，名叫便了。便了是个小心眼的汉子，王褒总是使唤他买酒，他嫌麻烦，很不乐意。

▲螭纹白玉杯

杨惠死了丈夫，是个孀妇，便了就怀疑王褒与杨惠私通，借用打酒支开他。于是，他跑去墓地，对死去的男主人倾诉，说自己的职责只是看守家院，并不是为野男人打酒。

▲彩绘人物茶壶

此事像一阵风一样，迅速传到王褒耳朵里。王褒平白被侮，气得目瞪口呆。

他定下神后，想了一想，有了主意。

正月十五，天气寒冷，王褒去见杨惠，请求买下便了。

杨惠被便了破坏了名声，正在伤心气愤，一听王褒要买他，当即卖了。

▲汉朝的碧色琉璃杯，由罗马制造

王褒交付了15000钱后，把便了领到自己屋中。

便了百般不情愿，但也没法子。他看到王褒在写契约，就又活动起了小心眼儿，说必须把自己的职责写清楚，否则日后说不清道不明，会出纠纷。

王褒正中下怀，暗自含笑，答应了。

王褒顷刻间便写下了六百字的契约，名《僮约》。为了教训便了，契约中详细列出了所要干的活，以及干活的时间。

起先，便了还觉得自己又占了便宜。不料，在干了一天活之后，他猛地发现，自己从早到晚竟然没有一点儿空闲，事情一件接一件，名目繁多，花样不断。

几天后，便了就疲惫不堪了。

他痛哭流涕地去见王褒，说再干下去，自己就会累死，与其这样，还不如天天去买酒轻闲。

王褒哈哈大笑，解除了便了的繁重劳作。

王褒利用文字功夫，轻而易举地使一个刁仆服帖了。他的《僮约》也因此流传千古。

这篇消遣之作不仅语气轻巧、悠闲，而且字句揶揄、幽默，至今读来，仍令人忍俊不禁。尤其是，王褒还在不经意中，为饮食史留下了重要的一笔。

在明确便了的职责时，王褒写道，便了要负责他的喝酒、喝茶之事，即“武阳买茶”“烹茶尽具”。

所谓“武阳买茶”，意思就是：便了要赶去邻县的武阳，把茶叶买回来。

所谓“烹茶尽具”，意思是：便了要煎茶，备好洁净的茶具。

茶，在春秋战国时就出现了。不过，那时的茶，是贡品、祭品，很少有人喝。汉朝时，茶成为商品，喝茶便很流行了。

喝茶，需要茶具。茶具，也叫茶器、茗器。王褒写的“烹茶尽具，酺已盖藏”，是历史上第一次提到茶具。

茶具，就是伺候茶的东西，有茶杯、茶壶、茶碗、茶盏、茶碟、茶盘等。

追求精致的人，还备有茶鼎、茶瓯、茶磨、茶臼、茶

◀墓室壁画上的出行图，一人头顶托盘，上有茶具

笼、茶筐、茶囊、茶瓢、茶匙等。

那么，一共有多少种茶具呢？

至少有24种。

有唐一代，青瓷茶具最时髦。

有宋一代，黑瓷茶具最拉风。

有明一代，紫砂茶具最尊贵。

有清一代，青花粉彩最可人。

扩展阅读

少府，负责汉朝皇帝的日常事务，包括与饮食有关的官：太官（主膳食）、汤官（主饼饵）、导官（主择米）。太官下面还有7个丞官；太官和汤官还各自拥有3000名奴婢。

◎叶子里的吃食儿

公元41年，马援因作战勇敢，被征入朝，担任虎贲中郎将。

马援说话直来直去，从不掩饰，也不回避，坦坦荡荡，磊磊落落。

当他发现币制混乱后，马上上书给光武帝，建议统一铸造钱币，利民利国。

一些大臣不愿改动，便向皇帝吹风，说马援除了懂点儿拳脚，别的什么都不懂。

光武帝信以为真，便不在意了。

马援久久等不到回信，疑惑不解，便找回了自己的奏疏。他定睛一看，吓了一跳，上面竟有十多条驳斥，都是斥责诽谤他的话。

马援不甘心，重新整理了奏疏，又呈给了皇帝。

这一次，光武帝留心了，看得很认真。之后，他觉得马援说得有理，便采纳了马援的意见。

而这次币制改革，则使天下人获益很多。

光武帝对马援留下了深刻印象。当交趾（今越南中部、北部一带）叛乱后，光武帝立刻想起了马援，任他为伏波

▶水田石刻，上有农人种稻

将军，前往平乱。

马援受命后，沿海开路，随山而行，长驱直入千余里，抵达了战场。

他一马当先，身先士卒，冲击叛军。汉军士气大振，海潮般汹涌跟随，一战就斩杀几千人，俘虏一万多人。

马援带兵追击，深入禁溪。在雾瘴流荡的原始森林中，左冲右突，终于杀死了叛军首领。

朝廷为之欢呼，但马援依旧冷静如初。

他率领2000多艘楼船、2万多将士，继续进剿余党。

叛军据高凭险，紧守关隘。马援的楼船费劲儿前冲，却被湍急的水流冲得四下离散。天气又分外炎热，好多将士中暑，染上疫病，恹恹死去。

马援也重病在身，但他并未泄气。他亲自察看地形、水势，然后，在靠河的山边，凿出窟室，让将士们避暑。

当叛军登山示威时，他又拖着病躯，亲自观察敌情。

将士们深受感动，不禁涕下沾襟。

为了驱除病疫瘴气，马援和将士们常吃薏苡——一种植物果实。当地的野生薏苡，果粒硕大，犹如珍珠，为汉军缓解了病势。

马援还令人在当地筑城，给将士们居住。五月初五，到了端午节这日，他还给将士们分发粽子。

◀彩绘画像砖，图中女子正在灶前忙碌

粽子，是问世较早的一种食物。

春秋时，有人摘来菰叶（茭白叶），把黍（黄米）包裹起来，像个牛角，称为“角黍”。这就是粽子的雏形。

汉朝时，有人摘来菰叶，把黍包成四角形，然后，淘出草木灰水，浸泡黍米，因水中含碱，称为“碱水粽”。

在南方，水田很多，种出来的糯米，黏性很大。古人便又琢磨起糯米来。

糯米的黏性容易毁坏容器，但古人极为聪明，反倒充分地利用了它的黏性，创造出了不同凡响的食物——粽子。而包裹粽子的叶，也由菰叶变成了棕叶。

有人还琢磨出带馅的粽子——把猪肉包在粽子里，称为“猪肉粽”。从宋朝到清朝，粽子里又包入了水果、蜜饯、豆沙、松子、枣、核桃、火腿等。

当马援平定交趾叛军时，把粽子食俗也带到了交趾。至今，在越南和东南亚一带，还保留着吃粽习俗。

扩展阅读

汉朝人将蒸熟的饭摊开，在日光下曝晒，形成干燥的饭粒，叫干饭；在远途旅行时，一些游人、商人、军人等，会带一些在路上吃，因干硬，要用水送服，故叫干粮。

◎引路的梅

五原（今内蒙古一带）的旷野上，杂草苍莽，足有一人多深，崔寔从径上走过，被这粗犷的景色深深吸引了。

他是新到任的五原太守，此前，他在皇宫中的东观（皇家图书馆）任职。

五原草木繁多，土壤很好，可以种麻。然而，五原人很原始、落后，不懂纺织。

由于织不出衣物，五原人穿得单薄寒碜，破破烂烂。在寒冷的冬天，他们就蜷缩在草窝中，以此御寒。

崔寔去见地方官吏时，竟然惊讶地看到，官吏“衣草而出”，身上裹着乱草，像流浪汉一样。

崔寔受到了很大的触动，感慨不已，深觉五原人实在太悲苦了。

他决心改变这种状态，让五原人过上好日子。

崔寔于是增大了麻、桑等作物的种植，并毫不犹豫地卖掉了自己的财产，得了20多万钱，然后，请来织师，教五原人纺、绩、织、纫等。

在他的苦心操持下，五原人有了暖和的衣物，经济也得到了发展。五原从一个苦寒之地，变成了富庶之地。

消息传到朝廷，皇帝又惊又喜，简直不敢相信，感觉就像一个死人被救活了一样。

鉴于崔寔创造的五原奇迹，皇帝又把他调任到另一个更重要的岗位上。

崔寔善良宽和，甘守清贫，重视农业，真正关心平民，这在当时是很罕见的。当崔寔离开五原时，五原人依依不舍，噙着热泪，一送再送。

公元142年，崔寔的父亲病重了，他辞了官，回家侍奉汤药。

▲葡萄之酸被古人用来调味，图为清朝恽寿平所绘葡萄

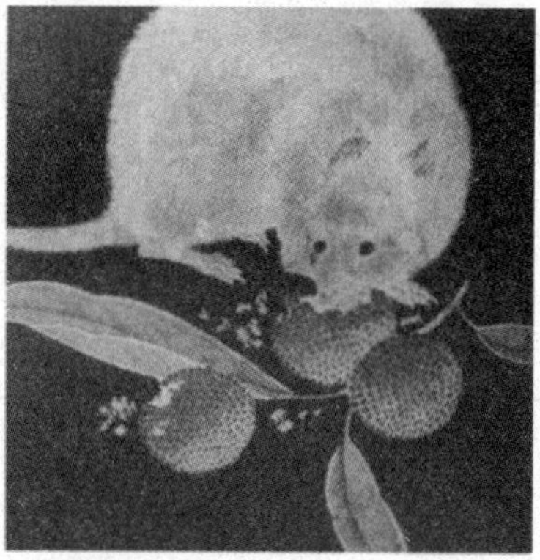

▲荔枝是古代酸性调味品之一，图为明朝皇帝朱瞻基所绘《荔鼠图》

▲石榴是古人调酸味的原料之一，图为明朝项圣谟所绘石榴

崔寔的父亲是书法家崔瑗，为人放旷，不从流俗。临终前，他对崔寔说："我生于天地，死时，也要把魂魄还给天，把骨头还给地。所以，在哪都能安葬我。"

崔瑗的意思是，简单安葬即可。但崔寔在礼俗的压力下，还是隆重地操办了丧事。

他父亲在世时，不拘小节，豪迈好客，导致家里经济拮据，这下又有了葬礼的花费，生活就更为窘迫了。

为支付开销，崔寔安排了一些耕织活动，又利用从母亲那里学来的酿造技术，用粮食酿造各种调料。

崔寔认为，"四月四日可做酢，五月五日也可作酢"，因此，他酿造了很多酢。

酢，也叫醯，就是醋。

其实，古人获得酸味的调料，最早并不是醋，而是梅子。商朝时，古人发现梅能调酸味，便把梅放进了饮食里。梅子调味还远涉重洋，传入了日本。

有了梅之后，才有了醋。

春秋战国时，已有专门的酿醋作坊。到崔寔所生活的汉朝，醋已经很普遍，有糯米醋、大麦醋、乌梅醋、五香醋、米醋等。

崔寔制好了调料，就在洛阳街头叫卖。

汉朝人视商业为末流，瞧不起商贩，便嘲笑、讥讽崔寔。

崔寔性格内向，不言不语，但毫不卑怯、动摇。

卖调料赚的钱，虽然不太多，但足够生活了。

崔寔为官时，清明有道，从商时，不卑不亢，着实令人钦佩、感叹。不仅如此，他还具有"美才"，在文苑中，也享有盛名。

崔寔把前人的酿造经验、母亲和自己摸索出的经验，都写到书里，名为《四民月令》。

崔寔有着浓重的农本思想，他说，国家的根，是百姓；百姓的命，是谷；如果谷没了，国家就会被连根拔起。

因此，他在书中细致介绍了如何按照时令气候耕种。全书现存2371个字，仅是与农业有关的，就有522个字，对中国农学产生了重大影响，也对中华饮食起到了促进作用。

扩展阅读

最初，调料的作用只是为了克服腥膻等异味。后来，古人意识到，调料还能增加美味。于是，便有了五味：酸、苦、辛、咸、甘。调料的作用也由消极变为积极。

◎不平凡的饭桌

在扶风平陵（今陕西境内），有个品行高洁的人——梁鸿。

梁鸿清名在外，令人钦佩，许多人都想把女儿嫁给他。梁鸿一一婉拒了。

在一个孟姓的人家，有个女子，名叫孟光。人长得不美，又很壮实，轻易就能把石臼举起来。她已经三十岁了，却屡屡拒绝媒人。

父母问她为什么，她表示，自己要嫁梁鸿那样有德的人。

梁鸿听说了，当下备出聘礼，准备迎娶孟光。

孟光惊喜极了，几乎就要落泪。

但迎娶过后，一连七日，梁鸿都很冷淡，几乎不和她说话。

孟光不解。

一日，她想了又想，便来到梁鸿跟前，默默跪下，问梁鸿，自己是否犯下了什么过失。

▼彩绘几，类似今天的小板凳

▶玲珑精美的青铜桌案

梁鸿总算开了口，告诉孟光，他梦想中的妻子，是穿着麻葛衣，能陪他一同隐居深山的人，而孟光却穿着名贵的丝、绮，戴着闪烁的首饰，与他的梦想相距太远了。

孟光微微一笑，说自己是刻意如此，为的是检验梁鸿是否真为有德之人。

话毕，孟光挽起发髻，穿上粗衣，架起织机，动手劳作。

梁鸿恍然大悟，会心而笑。

此后，他们隐居到霸陵山中，时而耕织，时而吟咏，时而弹琴，怡然自得。

因朝廷屡次召请梁鸿为官，他们又避到了吴地（今江苏境内），住在一个廊下小屋中，给人舂米。

生活颠沛流离，他们渐渐苍老。但梁鸿始终爱着孟光，而孟光也始终敬重梁鸿。

梁鸿每次归家时，孟光都会备好饮食，低着头，举案齐眉。

案，就是食案，也就是饭桌。

战国时，食案就被发明了。只不过，那时的饭桌，小巧轻便，多为长方形，把食物放上去，还能举得高高的。

▲几，用于进餐时扶靠倚凭，此为造型奇异的动物形几

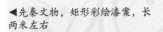

◀先秦文物，矩形彩绘漆案，长两米左右

▼古人制作的大型桌案，上绘水流旋涡

▶《小庭婴戏图》中的桌案精巧玲珑

高举食案，是一种礼制，代表对人的尊重。

分餐制盛行时，小食案可以应付；但合餐制出现后，大饭桌便发展起来了。

时至今日，饭桌不仅有长方形的，还有圆形、花瓣形等。

扩展阅读

为了让皇帝在冬天吃到春天才生的葱、韭黄等，汉朝官员会把屋子覆住，然后，昼夜蕴火，使屋内温煦如春，蔬菜得以生长。这是世界上最早的温室。现代人冬天吃的许多蔬菜，都来自温室大棚。

◎饺子的始祖

张仲景出生时，家道没落，清寒无比。好在父亲是个读书人，他从小就浸染在书香中，在清雅中度日。

一天，张仲景随意翻书，忽地看到，有一个叫扁鹊的人，仅是看人几眼，就知对方患了什么病、还能活多久。他顿感神奇，钦佩得不得了，兴奋地叹个不停。

此后，他便对医学有了兴趣。

其时，正是汉朝末年，兵祸连连，死伤无数，野地里、水泽中，到处都是尸体。路边常有半死之人，卧在雨水里，静静等死。

张仲景心酸不已，暗下决心，一定要努力学习，挽救生命。

10岁时，张仲景拜同郡的一个名医为师。他虽然年纪小，但性情沉稳、踏实、刻苦，爱钻研，爱琢磨，每个药方、每种药性都认真思索。

他还不怕累，能吃苦，无论是抓药、出诊，还是采药、炮制，都一丝不苟，做到极致。

尽管如此，在遇到疑难时，他还是产生了困惑、犹豫。

有一天，他遇到一个同乡。同乡对他说了一些肺腑之言，大意是，他没有做官的气质，学医更合适。

▼出土的古代饺子（右下）

张仲景一听，顿时疑虑全消，坚定了学医的信心。

在他的勤苦努力下，他最终学有所成。时人都认为，他的医术之精微，超过了他的老师。

尽管如此，张仲景还是不满足，仍旧四处访医就学。

一个夏日，张仲景的弟弟要出门经

商，请张仲景看看他日后是否会有大症候。

张仲景给弟弟把脉，断言弟弟来年要生搭背疮。

当时，后背痈疽还是一种恶疾，若不及时治疗，就能危及生命。弟弟吓了一跳，赶忙问怎么办。

张仲景告诉弟弟，他会开出一个药方，等病发时，把药服下，可把疮挪到屁股上，这样，就不会有大碍了；然后，等碰到名医时再治，就彻底好了。

张仲景的弟弟这才放了心。

一年后，弟弟来到襄阳时，果然脊背疼痛，忙吃了药。几日后，疮从屁股上发出了。

接着，弟弟开始寻医问药，不料，郎中们诊断不一，有的说是疖子，有的说是毒疮。

▶劳作泥俑，上边女子把谷磨成面，右边女子把面擀皮、包饺子

▶劳作泥俑，左边女子把谷皮捣碎，右边女子把谷簸干净

后来，一个王姓郎中认出了它，哧哧地笑，说这本是搭背疮，不知谁把它挪到屁股上了。

弟弟大喜，立刻向王郎中求治。

王郎中开了方子，制了膏药，把疮医好了。

张仲景的弟弟便写了封信，将情况告知张仲景。张仲景喜形于色，当即打点行李，直奔襄阳而来。

为了学习，张仲景隐姓埋名，当了王

郎中的伙计。后来，当王郎中得知，自己的“伙计”就是大名鼎鼎的张仲景时，惊得目瞪口呆，连声赞叹。

张仲景说，自己不是天才，只能靠学习来获得知识，一个人从生到死，就是一个学习过程，生命可以终结，学习却是没有终结的。

依靠这种谦虚的学习精神，张仲景拥有了出神入化的医术，被世人尊称为“医圣”。

暮年时，张仲景在长沙出仕。他不喜做官，便告老还乡了。

辞官时，正是寒冬腊月。漫天飘着雪花，寒风席卷而来，呵气成冰。他走在路上，看到战乱使许多人无家可归，在风雪中苦苦挣扎。

他们衣衫褴褛，瘦骨嶙峋，耳朵被冻烂了。张仲景不忍去看，心里十分难受。

到了家，张仲景寝食不安，还惦记着那些耳朵生冻疮的人。他决定研制一个食疗方子，帮人御寒。

冬至那天，方子制出了，名为“祛寒娇耳汤”。

张仲景让人找一个空地，搭上棚子，支上大锅，为穷人舍药、治病。所舍的药，就是“祛寒娇耳汤”。

这种药，就是把羊肉、胡椒、祛寒的药物，放入锅中；煮熟后，捞出，切碎；然后，用面皮包起来，像耳朵一样；最后，把“耳朵”再放入锅中，将其煮熟。

当冻得瑟瑟发抖的人簇拥而来后，张仲景发给他们每人一碗汤、两个“娇耳”。冻耳之人由此被治愈了。

张仲景去世后，世人为纪念他，自发地在冬至这日包饺子，并感叹地说，耳朵再也不会被冻掉了。

时隔多年，今天，冬至吃饺子的食俗，仍在延续。饺子的种类、形状，改进了很多。饺子馅，也不再掺杂药物了，而是成了纯粹的美食。

其实，饺子的始祖，是饼。饺子是在馄饨之上发展出来的，而馄饨，就是饼的一种。

汉朝写的“馄饨”二字，用的是“肉”（即月）字旁（腽肫），表明了这是带肉馅的食物。

饺子有很多名字，既叫牢丸、扁食、饺饵、粉角等，也叫月牙馄饨。

饺子从馄饨中独立出来后，到唐朝时，达到了鼎盛期。

唐朝人无论是煮饺子，还是煮馄饨，都有严格的标准，即：面粉不能融在汤中，馅不能漏出来，煮后的汤水，要清澈澄净，可以煮茶。

至此，吃饺子已经精致化了。

扩展阅读

现今所吃的面食，在汉朝时，已经差不多都有了。汉朝人有面片、汤圆、油饼、酥饼等。通西域后，核桃、花生等种子传到中原，使得胡饼、花生饼等也都问世了。

◎植物的油水

刘熙是东汉人，任南安太守。他很了不起，既是经学家，又是训诂学家，学问极深，可望而不可即。

时逢乱世，战火频仍，但还是有人不畏战祸，前来寻访刘熙，向他问学。

这些人中，有的从江南来，有的从川蜀来。他们大部分都是名士，已小有名气，但为见刘熙，还是远涉千里，风尘仆仆，冒着生命危险前来。

随着战乱加剧，王朝已千疮百孔，皇帝也开始了流浪，刘熙慨然叹息，只得也去避难了。

刘熙躲避到广西、越南一带，在茂密的森林脚下，沉默地潜居。

一日一日，他把一腔心血都付与了著述，创作出了《释名》等书。

《释名》，对后世影响很大。《释名》中的“释饮食”，还记录了如何获取植物油。

刘熙写道：枣，含油，把枣的果实捣烂，涂在丝布上，

◀桐园画像砖，汉朝人种植桐树，用桐树籽榨油，可吃，可照明

使其干、发，就能得到油；依照这个法子，也能得到杏油。

显然，汉朝人已经知道，植物是有油水的，只不过，提炼植物油的方法，还很原始。

在此之前，古人大都使用动物油——脂膏。如果是用带角的动物（如牛羊）熬出的油，就叫“脂”；如果是用无角的动物（如猪狗）熬出的油，就叫“膏”。

脂，硬而稠；膏，软而稀。

古人偶尔会从五谷中的菽（大豆）中榨油，但极为稀少、罕见。

还有人把五谷中的麻，分了雄雌，开花的为雌麻，不开花的为雄麻。雌麻，取其籽，可用来榨油；雄麻，取其纤维，可纺织衣物。

起初，古人榨油不是为了吃，而是为了照明、点火。

▶镬，青铜所制，汉朝人常用的锅

在这个过程中，他们慢慢地发现，油很香，能吃，这才用它来煎炸。

从用水烹调，发展到用油，这是饮食史上的一个飞跃。

到了三国时，油已经不再是稀罕物。尤其是芝麻油，多得令人不耐烦，有人竟然用它来攻敌了。

此人便是满宠。

公元234年，东吴孙权亲自带兵北伐，攻向合肥的新城。魏将满宠闻讯，想去救援新城。

但其他将领反对，认为新城守军足以自保，若援军去了，反倒会被孙权吞灭。

满宠无法，只得作罢。

当他发现军中有许多人请假时，便准备将他们召回，以备足兵力。

一些将士又反对了，认为只要自守就行了，不必过虑。

满宠无奈地听命了，但并未放松警戒。

两个月后，满宠得知，孙权正带着水师逼近。他觉得，自守太被动了，很容易被围困，便想了个突袭的法子。

什么法子呢?

即“麻油法”。

麻油，就是芝麻油。满宠秘密募集了几十个敢死之士，折断松树枝，制成火把，在火把里，灌上了芝麻油，然后，趁着顺风的时候，往孙权军中放火。

结果，芝麻油借着风势，燃起了熊熊大火，把孙权的攻城器具都烧毁了。

在混乱中，孙权的侄儿，也被射杀了。

孙权嗟叹不已，最终撤兵了。

满宠因此受到了嘉奖。

在满宠的荣誉中，油是功不可没的。

这一时期，油还被称为膏，麻油就叫麻膏。不过，“油”字也渐渐用得多了，不久后，就完全代替了脂膏。

古代的植物油，有红蓝花子油、菜子油、芥子油等。不过，最好的还是芝麻油。

今天，芝麻油依旧风头不减，勾人食欲。

扩展阅读

汉朝有个诸侯国，叫长沙国。长沙国的丞相死时，陪葬了一套漆餐具：漆案上，有漆盘、漆杯；盘上绘有卷云纹，纹中写着“君幸食”三字，意思是希望多进饮食。

第五章 魏晋食杂

从魏晋南北朝开始，饮食文化进入了长久的昌盛时代、彻底的自觉时代，一系列关于饮食的专著问世，使得“吃”开始向“学问”靠拢了。因发酵技术大发展，这一时期的食物还空前地繁杂多样。饮食中最重要的“炒”，也是在南北朝时大规模普及的，这是饮食史上一个新的里程碑。

◎天不好，吃不好

在北海郡剧县（今山东境内），有一个性情独特的人，名叫徐干。

徐干少年时，正值乱世，世事喧闹，人心浮躁。可是，年纪很小的徐干，却非常恬淡，丝毫不受外界干扰，默默地专心学习。

徐干长大后，才名著世，倾慕他的人，如过江之鲫。徐干却一如既往，静静地独自生活。

曹操向往徐干，召请他为官。徐干淡然，称病辞却了。

徐干住在一条又深又窄的穷巷中，保存着清澄的志向。生活虽然极度贫寒、清苦，但是他却从不悲愁。

曹操对他的心性，颇为赏识，一心想拉拢他，又任命了他一个很大的官职。

徐干不喜不悲，仍说身体病弱，无法就职。

不久，曹操平定了北方，准备统一中国。他再次召请徐干。

▼三国画像砖，侍女行至矮足案旁，将要盛饭

徐干想到统一有望，便决定为统一贡献一些心力，便应承了。

在朝廷任职后，徐干注意到饮食方面的一个情况，那就是，在暑气酷烈的夏天，即使是条件好的皇帝，也会感觉身上像被刷了漆，热得不透气，汗如流泉；而后妃们无论怎样费力摇动粉扇，也无济于事，多么豪华的宴饮，都变得没意思了。

这种现象表明，时令对饮食有很大的影响。

在现代社会，同样如此。

在一些村落中，夏天没有空调，冬天没有暖气，季节对饮食的影响，仍旧很大。天热时，人的代谢慢，食欲就会减弱，饭量也不大；而天冷时，为补充能量，人就会较多地进食。

扩展阅读

若食物味好，古人会用“甘脆”来形容。甘，指味美；脆，指食物爽利易断，有咀嚼快感。烹调时，若掌控好火候，就能产生脆的感觉，还能使食物酥、嫩、滑、韧等。

◎馒头的黄金时代

在烈烈蜀风中，诸葛亮沉思良久。他准备不日北伐，重兴汉室。

就在这时，一个紧急军情传来，南方的蛮人入侵了边境。

诸葛亮当机立断，作出决定，先南征蛮人，再行北伐。

诸葛亮亲自出战。他带兵来到南蛮之地，刚一出战，就活捉了南蛮首领孟获。

孟获气哼哼的，根本不服气，大嚷大叫。

诸葛亮笑吟吟的，命人放走了孟获。

之后，诸葛亮去见孟获的副将，故意放话，说孟获之所以叛乱，都是副将挑唆的。

副将听说后，以为是孟获栽赃他，气得半死，连声喊冤，发誓和自己没关系。

诸葛亮又把副将放走了。

副将回去后，还愤愤不平，一见孟获，就气不打一处来。

▼《武侯高卧图》中，诸葛亮悠然卧于竹林中

一天，他请孟获饮酒。孟获一进帐内，他就把孟获捆住了，然后，送给了诸葛亮，以示自己的清白。

孟获目瞪口呆，但还是不服气，不服帖。

诸葛亮为了征服孟获，解除后患，便再一次放了他。

孟获回去后，一心想着怎么制服诸葛亮。他的弟弟孟优凑过来，告诉他一个法子。他这才喜笑颜开了。

夜里，天黑风高，孟优带着一小股人来到诸葛亮的营地，说要投降。

诸葛亮一眼识破这是诈降，但他没点破，而是赏了许多美酒。

孟优带来的蛮人，一时兴起，喝得东倒西歪。他们本是来劫营的，现在，却都呼呼睡去了。

诸葛亮又趁乱逮住了孟获。

孟获折了兵，丢了脸，但仍不甘心。诸葛亮转眼又把他放走了。

孟获回营后，绞尽脑汁地想办法，想活捉诸葛亮。他正琢磨着，有人来报，诸葛亮在阵前察看地形，独自一人。

孟获喜得心花怒放，马上带了人，朝诸葛亮奔去了。

当然，他又中计了，刚冲到跟前，就被野草中的伏兵包围了。

诸葛亮看了看他，也不多话，轻轻摇了一下扇子，又把他放了。

孟获灰头土脸地溜了回去。

这时，一个叫杨峰的部下，为他备酒压惊。孟获心里郁闷，一径把自己灌醉了。

杨峰见状，便把孟获绑住了。

原来，杨峰跟随孟获几次被诸葛亮活捉，又几次释放，对诸葛亮很感激，也很敬佩，为了报恩，他把孟获当成礼物，送给了诸葛亮。

这已经是孟获第五次被擒了。

他还是不服，狂呼乱叫，说是内贼陷害，胜了也不光荣。

诸葛亮便又放了他，让他来战。

这一次，孟获严整大军，蜂拥而来。

诸葛亮巧用计谋，深入蛮境。在打败蛮军的先头部队后，诸葛亮又布下伏兵，令人佯败、诱敌，一直把孟获引诱到峡谷中。

结果，孟获遭到前后夹击，上天无门，下地无洞，再次束手就擒。

孟获见了诸葛亮，一张口就说，还要与诸葛亮再战一场。

诸葛亮素知蛮人性情反复无常，必得心服才行，便同意了。

此时的孟获，不敢有一丝大意。他小心地在泸水扎寨，并请来救兵。为了防止中计，他只守不战，准备熬到天热时，让诸葛亮自己退去。

诸葛亮深知此战意义重大，他让军士在树林中扎寨，以避暑热。然后，在开战后，使用了火攻。

孟获的救兵，都穿着藤甲——相当于铠甲，而诸葛亮的油车火药却使藤甲迅速燃烧，许多蛮兵被活活烧死。

孟获第七次被擒了。

▲壁画上的女子裸着胳膊，揉面做饭

他终于真心认降了，跪在地上，发誓决不再谋反。

诸葛亮便让他掌管南蛮之地。孟获等人一听，不仅不治罪，反而要重用，不禁深受感动。

南蛮已平，诸葛亮班师回朝，准备北伐。

行至泸水，狂风暴雨大作，波浪汹涌，兵马不能过河。

当地人说，这是死去的冤魂在作祟，需要祭祀，才能平息怒涛。

诸葛亮便在水边设下了祭坛。按照土人的祭俗，需要杀人以其头祭祀神灵才行。

诸葛亮认为不妥，便令人取来猪、羊，在上面画出人头。当地人看了，称之为“馒头”。

其实，馒头并不是在三国才出现的。早在汉末时，就有了馒头。

▲壁画上的女子在揉面后，蒸出馒头

馒头的问世，与蒸笼的发明、发面技术的发展分不开。

古人有数种发面方法。有时，他们用发酵的米粥当引子，把酒倒入粥中，以此发面；有时，他们又把酸浆倒入粥中，也能发面。

发面后，再制成馒头，放到蒸笼中，就能使馒头松软膨大了。

古代的馒头，有的没馅，有的有馅。有馅的馒头，个小一点儿，也叫包子。

在馒头上，古人用了很多心思，不仅做出了子母馒头、太学馒头、羊肉馒头、黄雀馒头、肉丁馒头等，还做出了绿荷包、水晶包、笋肉包、虾鱼包、蟹肉包、鹅鸭包等。

与今天的馒头相比，古代的馒头不仅不逊色，反而更花哨。

扩展阅读

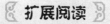

蒸，就是在锅中用热空气焙熟食物，古代的蒸，包括今天的水蒸、汽蒸、干蒸。古人烧猪肉、烧鹅时，就类似干蒸，既保持了原汁原味，又保持了菜形，还很省劲儿。

◎吃，是一门学问

曹操死后，长子曹丕继任魏王。曹丕和曹操一样，挟持、控制皇帝。

公元220年11月的一天，天气凄寒，皇帝内心痛楚，实在忍受不住曹丕的监视和操纵了，索性下诏，让位给曹丕。

曹丕巴不得这一声，他早就在等待这一天了。不过，为了表示自己并无篡位之心，他装模作样地辞让起来。

他一连辞让了三次，皇帝也只好耐着性子让了三次。

曹丕在做足了功夫后，这才登上皇位，好像很勉为其难似的。

登基伊始，刚入寒冬，就有胡人叛乱了。曹丕当机立断，命人征讨。

▼三国宴饮图画像砖，人物分别端着不同食物，依次进奉

▼魏晋南北朝时，宰牛已成技术活，图为宰牛画像砖

没多久，战报传来，说胡人引来大水，要水淹城池。

群臣听了，有些惊慌、焦虑。曹丕却面带笑意。

他说，如果胡人用水攻，那么，他们离灭亡之日就不远了，因为决水灌城会让他们疲敝，若趁此机会突袭，他们定然难逃。

曹丕让群臣安心勿躁，静等捷报到来。大臣们面面相觑，半信半疑。

十天后，一道军情急急地送来，正是破胡捷报！

群臣骤然放松下来，喜气盈盈。

曹丕远在帷幕之中，却能运筹万里，这让他自己也很兴奋，不禁朗声

大笑。

这期间，东吴的孙权也来向曹丕示好，想要结盟，这让曹丕更加高兴了。

孙权之所以要联合曹丕，是因为刘备亲率大军，前来攻打东吴，孙权担心曹丕会背后捣乱，所以才放低了姿态，暂且俯首称臣。

曹丕也深知此意，但不露声色。

公元222年，孙权大军与刘备大军会于夷陵，发生大战。

曹丕探得了军情，得知刘备在树丛中扎寨，连营七百多里，震惊得眼睛都睁圆了。他慨叹道，刘备出生入死多年，竟然如此不懂兵法，哪有连营七百里御敌的！刘备必败！

他又断定，数日后，孙权就会把打败刘备的消息告诉他。

果然，刘备的连营遭到了孙权的火攻，败得稀里哗啦。

七天后，曹丕得知了此消息，心想，此时的刘备，元气已伤，不足为惧；而孙权也疲惫至极，若趁此机会攻打孙权，之后，再慢慢收拾刘备，就可统一天下了。

于是，他下令出兵，迅速杀向孙权大军。

曹丕的军队士气高涨，孙权的几条战线很快溃败了。

眼见胜利在望，曹丕心花怒放。

然而，世事难料，此时，疫疾爆发了，曹丕的将士大批死伤，转眼间便损失惨重。

曹丕嗟叹不已，却又无可奈何。

孙权见状，赶紧送来贡品，好言请和，曹丕便退兵了。

在曹丕心里，统一中国的大愿，是超越一切的、最重要的。因此，他时刻都在准备着，一边询问民间疾苦、救济贫困，一边加强练兵、选拔将士。

公元225年10月，曹丕来到广陵，临江阅兵。

▲三国时的陶案，为曹丕之弟曹植墓中出土

当他看到十多万将士聚集在一起，仅旌旗就飘荡几百里，十分整饬威武时，颇为满意。他骑在马上，豪情万丈，忍不住作诗一首。

他想去将士们中间慰问，但这一年格外寒冷，江水结冰，船无法行驶。他备感遗憾，只能返回了。

两个多月后，曹丕回到洛阳的宫中，继续操持政事。

又过了三个月，原本病弱的曹丕，忽地病重了。

曹丕自觉大限将至，从容地安排后事。他还让后宫中位分较低的嫔妃，都各自归家，免得孤老宫中。

一个花香四溢的6月天，曹丕怀着未竟的统一大梦，撒手而去了，时年40岁。

曹丕生前，共在位七年，仅就为政来说，他称得上是一个有理想的皇帝。他公平、旷达、开明，与其他皇帝相比，算是中上等的。

不仅如此，曹丕还是三国时的一个伟大的诗人。他的《燕歌行》，是历史上第一首文人七言诗。

他还写了《典论》，其中有一篇叫《论文》，是世界上第一篇文学理论与批评专论。

在《典论》中，曹丕还留下了关于饮食的论述。

他写道："一世长者知居处，三世长者知服食。"

意思是，三辈子做官，才能真正懂得穿衣吃饭。

在他看来，饮食是门学问，并不粗俗、简单；饮食之美，要经过几代人的积累，才能体会到，品尝到。

为什么呢？

原因在于：做官时间久的人，有充足的经济来源，又没有皇宫的禁忌和礼教，能够在饮食上创造花样；随着年深日久，在不断总结、创新中，就能真正懂得美味的精髓了。

扩展阅读

醢，类似肉酱，古人将肉去除水分，加入盐、酒等，腌100日即得。蜗牛、蚂蚁卵、螺等，都能做醢。醢一度为正餐，用来下酒下饭。较稀的醢，还能像汤一样喝。

◎军令一样的酒令

战国初期，魏国一心想吞并秦国，为此，魏文侯想出了一连串的办法。

他一边对秦国进行军事打击，一边利用外交手段，给秦国施加压力。一日，他忽地又冒出一个想法，要对秦国进行文化征服。

具体怎么做呢？

他琢磨着，秦国人倔强，不畏武力，但却向往中原文化，既然如此，莫不如请来大儒，为魏国树立文化声威，从而凌驾于秦国之上。

他这样一想，便亢奋起来，马上寻访名流。

当时，最著名的大师就是子夏——孔子的学生。魏文侯决定，自己拜子夏为师，请子夏到西河讲学。

子夏并不情愿，婉言谢绝了，因为他已然百岁，又经历了丧子之痛，眼睛都哭瞎了。

▶《献寿图》中，小童正在温酒

魏文侯不甘心，还是一次次地恳请，态度恭谨，言语敬重。

子夏心下感动，过意不去，终于答应了。

于此，子夏成了历史上第一个帝王之师——孔子在生前都未得到如此尊荣。

不过，子夏毕竟双目失明，苍老又使他有些口齿不清。因此，他在前往西河时，带着几个弟子，由弟子主讲。

天下士人见此，纷纷涌向西河，并把魏国作为效力的国家。魏国有了数不清的才智之人，实力陡增。

华夏文化的重心，由此转到了西河、魏国。在中原诸国中，魏国俨然文化宗主国，秦国一下子矮了大半截。

秦国眼巴巴地望着，艳羡不已，后悔自己未能延请子夏。

魏文侯的文化征服，顺利实施了。魏文侯特别高兴，更加厚待儒士了。此后，魏国得以称霸百年，就与他的这次决策有关。

显然，魏文侯是一位不凡的君主。他很睿智，又有远见，总能敏锐地发现人才。

他不仅推举出了子夏，还推举出了公乘不仁。

公乘不仁，是一个酒官。春秋战国时，国君设宴，要有酒官在场。酒官，也叫酒监、酒吏、酒令等，负责监督饮酒礼节、酒宴秩序，也负责劝酒。一旦发现有谁违反了礼仪，酒官就要将其撵出去。

有的酒官，以酒令为军令，公乘不仁就是这样一个一丝不苟的人。

有一天，魏文侯宴请诸位大夫，公乘不仁也出席了，担任觞政。

觞政，也是酒令官的意思。

按惯例，在饮酒之前，公乘不仁要下一个酒令。他见气氛很热闹，颇为开心，便说，每个人都要一饮而尽，谁若未饮尽，就要罚一大杯。

这个酒令一出，大家都欢悦地赞同了。

然而，喝着喝着，魏文侯却违反了酒令，饮而未尽。

公乘不仁一眼瞅见，也不顾魏文侯是他的君王，抄起一个大杯，几步奔过来，要罚他的主子。

魏文侯不想受罚，没有喝。

公乘不仁站在一旁，非要罚他。

魏文侯的近臣见了，使劲儿给公乘不仁递眼色，让他

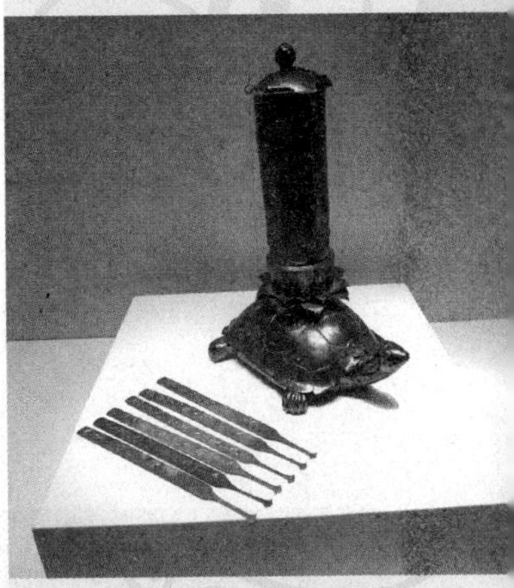

▲行酒令的筹、筒，均为银制，珍贵华美

退下。

公乘不仁不仅不退，反倒更加坚持了。

近臣便推说，国君已有醉意，不能再饮了。

公乘不仁理直气壮地说：“今天，是国君自己同意设下这个酒令，现在却又自己违背酒令，这像话吗？”

魏文侯听了，沉思道：“说得对。”

然后，他端起杯子，接受了罚酒。

▲三国东吴的陶制灶台

这件事，让魏文侯对公乘不仁印象深刻。他觉得，公乘不仁如此认真行令，必然也是个严于律令的人。于是，他把公乘不仁作为“上客”，交付了更重的职责。

魏文侯的行为，吸引了很多有识之士。这使魏国向严肃执法的方向，更深地迈进了。

而公乘不仁作为第一个敢于犯上的酒律执法官，其行为，则奠定了人人平等的酒刑法原则。

历史进入汉朝后，酒令也婉转而入。汉朝人不仅行酒令如军令，甚至还直接把酒令当成军令。

也有人提出“温克”之说，即人的酒量再大，也要自持，不能失言、失态一味狂饮。

到了魏晋南北朝，酒令一改严肃的面孔，变得活泼了。

作为一种助酒的娱乐，酒令中，有游戏，有竞赛，有歌，有诗，渗透着学识、智慧，很好地调节了饮酒的节奏，提升了饮酒的情趣。

三国时，诸葛恪曾行过一次酒令，便充满了机智。

诸葛恪在东吴任职，年少敏捷，旁人不及。一天，孙权举行酒宴，当众问诸葛恪，你的父亲和你的叔父，谁更出色？

诸葛恪的叔父是诸葛亮，辅佐刘备；诸葛恪的父亲是诸葛瑾，辅佐孙权。二人各为其主。

诸葛恪见问，没有一丝犹豫，朗声回答："父亲更出色。"

孙权很惊讶，问他原因。

诸葛恪道："父亲知道该辅佐谁，而叔父不知，所以，父亲更出色。"

孙权大笑，欢欣不已，让诸葛恪当酒官，给群臣斟酒。

诸葛恪来到老臣张昭跟前时，张昭已有酒意，不肯再喝。他为躲酒，便对诸葛恪说："向老者劝酒，是不尊敬的行为。"

孙权兴致盎然，问诸葛恪："能否劝张昭饮下此酒？"诸葛恪点点头。

诸葛恪便对张昭说："吕尚90岁时，还举着旗帜、兵器，指挥作战，如今，东吴打仗，您在后面；朝廷饮宴，您被请到前面，这还不够尊老吗？"

张昭无话可说，只好饮了酒。

诸葛恪的酒令，是讲道理的方式。而有的酒令，却是嘲弄或戏谑的方式。但无论哪一种方式，都是对饮食文化的丰富。

扩展阅读

古代请客吃饭有复杂的礼仪、深刻的文化内涵：宴会前三日左右要发送第一柬（请柬），宴会当天发送第二柬，开宴前两小时发送第三柬。请柬折成十几叠，像小册子。

◎甘蔗汁里的老鼠屎

孙亮八岁时，成了东吴之主。他虽然年幼，却极为聪明。

一个夏日，艳阳当空，炎热无比，孙亮在西苑游玩。他干渴难耐，想吃梅子。梅子很酸，他又想吃甘蔗饧。

他叫来一个太监，让太监捧着一个有盖的银碗，到皇家仓库去取甘蔗饧。

库房吏奉命盛好甘蔗饧，给了太监。太监不动声色，拿着走了。

▼鎏金花鸟纹银碗

这个太监和库房吏一向不睦，他暗中使坏，偷偷地往甘蔗饧中放了一颗老鼠屎，然后，又颠颠地把甘蔗饧呈给孙亮，等孙亮发现后，便说库房吏犯了失职之罪。

孙亮听了，眼睛眨了眨，不置可否。他命人叫来库房吏，并把装甘蔗饧的罐子也抱过来。

孙亮看了看罐子，见盖子很严实，不应该有老鼠屎。于是，他对太监起了疑心。

孙亮问库房吏，那个太监是否与他有嫌隙。

库房吏磕头回话，说太监曾向他索要皇宫所用之褥，被他拒绝了。

孙亮点头，让人把老鼠屎弄碎，发现里面是干燥的。

孙亮笑起来，说："如果老鼠屎原本就在甘蔗饧里，那么，应该里外都是湿的，现在，屎内却是干的，这说明库房吏是被冤枉的。"

那个太监听了，无话可说，赶紧认罪。

◀三国时期的陶猪圈（左）

◀三国时期的陶羊圈（右）

那么，什么是甘蔗饧呢？

饧，是一种蔗糖提取物。而蔗糖，则来自于植物。

起初，古人咀嚼植物，吐出渣滓，得到了甘甜的浆汁，感觉很愉悦，便开始用重力压榨植物，在得到浆汁后，又把浆汁加工成软体，这就是饧。

甘蔗汁是紫色的，也叫柘浆，在制成软体后，就叫甘蔗饧。

在孙亮的时代，无论是甘蔗汁，还是甘蔗饧，都是绿色食品。它们既是华筵的必备，也是权贵的饮料；既可用于调味，也可直接吃。

然而，甘蔗饧虽甜，但不如饴柔和。

饴，就是糖稀。古人在煮饭时，发现谷米生了芽，舍不得扔掉，照旧下锅，由此，无意间得到了糖浆。糖浆经过加工，就是饴。

饴，绵密，不像饧那样刺激。不过，有些人更喜欢饧的爽口，如孙亮，他就爱吃甘蔗饧，并因此巧断了一桩冤案。

这段典故，被记入了史册，孙亮的睿智令人称道。遗憾的是，这个少年虽然思绪敏捷，但运气并不好。

孙亮即位时，年龄太小，由太傅诸葛恪主掌朝政。

公元253年春4月，诸葛恪领兵攻打曹魏，在攻城时，逢瘟疫爆发，几乎一夜间，将士便死了一半。勉强坚持到秋8月，不得不退兵了。

此次战败、病亡，让东吴损失惨重，朝野一片怨声。

▲三国时期的陶鸭笼

▲三国时期，东吴所用的陶碗、陶勺

▲魂瓶，也就是谷仓罐，制作工序极为复杂，魏晋南北朝时用来随葬

孙峻是东吴宗室，他趁机杀死了诸葛恪，由自己担任丞相，把持朝政。

在这一连串的变故中，孙亮被架空，只能默默旁观。

公元255年，孙峻也去攻打曹魏。不料，第二年，孙峻就患了病，很快就死了。

孙峻的权力，落到了弟弟孙綝手里，孙亮还是没有实权。

一些大臣瞧不上孙綝，屡次进行暗杀。孙綝不堪惊扰，便让孙亮亲政了。不过，孙綝并未真的放权，时时牵制孙亮。

孙亮又郁闷又生气，暗中谋划，想要诛杀孙綝。

他悄悄地征召了3000人，年纪都在15~18岁之间，青春少壮，藏在皇苑里进行操练。

然而，机事不密，孙綝有所察觉，率军包围皇宫，拘禁了孙亮。

16岁的孙亮，还没有在政界施展他的聪慧，就被剥夺了从政的权力。

第二年，有人造谣，说孙亮试图复辟。孙綝便令人审判，然后，将孙亮押往偏僻的福建。

途中，孙亮离奇地死去了。有人说是自杀，有人说是被孙綝毒杀。

扩展阅读

魏晋时期，糖霜已经出现。糖霜便是红糖，以紫色为特等，深琥珀色为上等，黄色为中等，浅白色为下等。到了宋朝，古人又制出了洁白如雪的糖霜，这便是白糖。

◎想要醉死的人

刘伶是竹林七贤之一，性情内向。常日里，他很少与人交往，总是沉默寡言。对于人情世故，他一点儿也不关心。

只有当他与阮籍、嵇康等人在一起时，才有说有笑，畅谈不止。

刘伶身材矮小，只有一米四左右，相貌又很丑陋，可是，他襟怀大度，豪迈豁朗，不管别人如何评说，都不放在心上。

刘伶行止无定，坐卧随意，放浪形骸，我行我素，有时，竟会裸身坐于房中。

有一次，来客进屋找他，见他光着身体，未免惊诧，便讥讽他不知礼。

◀竹林七贤砖画拓片，刘伶正在树下饮酒

刘伶坦然道："我以天地为屋，以房室为衣，你钻进我的裤裆里，难道是知礼的？"

来人无言以对，只得讪讪地退出了"裤裆"。

刘伶最喜欢的东西，就是酒，就连走路，都提着酒壶。

他有一头鹿，能驾车。他常坐着鹿车，抱着酒，随意游逛。他让一个家仆跟在车后，扛一把锄头，一旦他醉死了，就把他就地埋了。

一日，刘伶大醉，趔趄于街，与镇上人口角起来。他本无意，对方却很在意，挥拳要打他。

刘伶含糊不清地说："我这般躯体，细瘦若鸡肋，不足以使你的拳头舒服啊。"

对方一听，忍不住笑，便让他走了。

刘伶的妻子劝他少饮，他却管不住自己，不喝酒身体就难受。

他的妻子流了泪，把家里残余的酒都泼掉，把酒器也都摔破，坚决让他戒酒。

刘伶见状，忙说，自己愿意戒酒，但依靠自身力量恐怕不行，须得在神明跟前立誓，方可戒掉。

他烦劳妻子备酒，让他祭神立誓。

妻子信以为真，赶紧听从。

刘伶一本正经地把酒肉供在案上，跪下说道："天生刘伶，以酒为名；一饮一斛，五斗解酲；妇人之言，慎不可听。"

话音刚落，他伸手取酒，又喝了起来。

▲酒与魏晋名士紧密相联，此为晋人沽酒图

魏晋时代，战乱四起，政权频繁更迭，社会动荡，国家分裂，一些文人焦灼悲怆，却又毫无办法，只得借酒浇愁、避祸，或以酒盖脸，发泄对时政的不满。

酒与文人士大夫，前所未有地紧密结合起来。酒的功能，更深地探入了人的精神领域、文化领域。

◀古画中的饮者醉卧在林中

历史上对酒的谴责，彻底地转变成了颂扬。

嗜酒，不再是败德丑行，而是风流雅事。酒第一次与高尚情操联系起来。

所谓“酒中有深味”，酒还被赋予了玄学意义，并从此一代代绵延下去。

刘伶以酒为工具，追求人的自然天性，不仅躲避了纷乱政权的倾轧，还得以安然终老。

扩展阅读

宴席，并不简单。它具有聚餐式、规格化、社交性。西周时，“燕”通“宴”，燕礼就是宴礼。至魏晋南北朝，宴礼仍在，但被旷逸的文人改得很随意，几乎没有规格了。

◎流水里的觞

王羲之是个大书法家，但他并不是生来就有才华的，而是依靠艰苦的练习才闻名天下的。

王羲之在很小的时候，就日夜研习，书写不停，把洗墨的潭水都染成了黑色。

他的意志，非常坚定。当同伴在外嬉戏时，他丝毫不受引诱，静静地独自留在室内，埋头于一笔一画间。

花开花落，草青草黄，岁月悄然而过，他犹若不知。

凭着这股韧劲儿，他终于形成了自己独特的书法风格。

他的字，若轻云蔽月，若流风回雪，一夜间，便价值连城了。他的名气，也瞬间飞远了，连皇帝都对他另眼相看了。

一次，皇帝要去北郊祭祀，令王羲之前来，把祝词写到木板上。

王羲之受命而写，之后，把木板交给刻字者，进行雕刻。

刻字者在雕刻时，惊讶地发现，王羲之的字，竟然印到木板里面了！

▲南北朝出土的酒瓶，上绘罗马神话故事

▲金代高足杯，端庄大方

▲觚，青花蕉叶纹，优雅流丽

可见，王羲之的笔力，已然十分雄劲，堪称入木三分。

王羲之成名后，依旧质朴、善良、纯真。

有一年，他去山阴城，走过一座桥时，遇见一个老妪。老妪叫卖竹扇，但竹扇简陋，无人问津。老妪神情焦急，眼巴巴地望着路人。

王羲之见之不忍，走到跟前，对老妪说，竹扇上没画没字，不好卖，自己可以帮忙题字。

老妪压根儿不知他是谁，犹犹豫豫地同意了。

王羲之便写了起来。

一会儿，龙飞凤舞的字迹便出现了。

老妪一见，觉得真是潦草，顿时急了，眼神无尽凄惶。

王羲之急忙安慰她，让她在吆喝时，说是王右军写的字。

王右军，是王羲之的官职名称——右军将军。老妪勉强照做了。结果，她刚一喊出，立刻就招来了一大帮人。

蜂拥过来的人抢着购扇，转眼的工夫，老妪就在惊讶中卖光了扇子。

王羲之盛名之下，却依旧谦虚、好学。他时常观鹅，揣摩鹅的动作，以解悟书法。

一个夏日，王羲之外出，途中偶遇一群白鹅。鹅颈长而曲，婀娜优雅，王羲之爱之不舍。当他得知鹅是一个道士养的时，便前去购买。

道士一听买主是王羲之，立刻来了精神，提出要求，只要王羲之抄写一篇《黄庭经》送给他，鹅就白送。

王羲之欣然答应，在留下墨迹后，领着一群鹅回家了。

公元353年，王羲之雅兴大发，在三月三这天召集亲朋，前往绍兴的兰亭，在那里修禊。

修禊，是一种祓除疾病和不祥的传统活动。

一行42人，飘飘然地来到了兰亭。在修禊后，他们在兰亭的清溪两旁，席地而坐，将盛酒的觞，放在溪中，浮

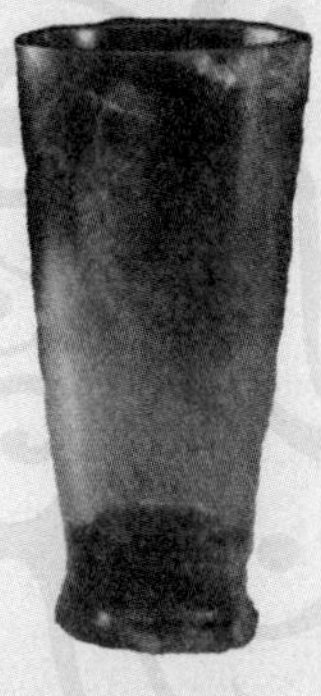

▲战国水晶杯，薄而剔透

▲魏晋高足杯，青铜鎏金，有西亚风格

▲魏晋玻璃杯，罗马制造

▲爵，花纹精密，气势尊威

于水面，徐徐流下。在经过弯弯曲曲的水流后，觞在谁的面前打转或停下，谁就即兴赋诗、饮酒。

这便是名传千古的“曲水流觞”。

觞，是一种酒器，也就是酒杯。

木制的觞，小而轻，可浮于水中。

陶制的觞，有两耳，叫羽觞。把它放到荷叶上，也能浮水而行。

在兰亭，王羲之发起了曲水流觞的游戏后，气氛雅致而欢悦。其中，有16个人没有当场赋出诗，每个人都被罚酒三觥。

觥，也是一种酒器，常用于罚酒。有的觥，被做成动物状，很像尊。

▶南北朝墓室壁画，墓主人手持高足杯

▲《兰亭修禊图》中，王羲之坐于茅亭，将曲水流觞记录下来

▲明朝画家文徵明所绘的《曲水流觞》

尊，常用于盛酒。

除了觞、觥、尊外，古代酒器中，还有壶、爵、杯等。

壶，常用于犒赏。

爵，有三足，常用于温酒。

杯，常用于盛酒、盛羹、盛汤。小的杯，还叫盏、盅。

值得一提的是，杯的历史，非常久远。现代人所使用的平底杯、高脚杯、斜壁杯等，早在原始时代就有了。

扩展阅读

周朝时已有食序：先吃酒，再吃肉，最后吃饭，不得错乱；每次吃完，要清洁席面一次。魏晋南北朝也延续这种食序，只不过，在喝酒前，要先喝茶，与今天一样。

◎菊花丛里的野餐

孟嘉的父亲是庐陵太守，不幸早逝。孟嘉忍住悲伤，用心侍奉母亲，拉扯两个弟弟。

这种相依为命的生活，让孟家一团和气，兄弟亲密，感情深厚。乡里人非常羡慕，时常赞许。

孟嘉好读书，为人正直，襟怀坦荡，性情淡泊。他说话时，总是简单明了，处事时，又颇有度量，刚到20岁，就赢得了敬重。

郭逊，与孟嘉同郡，以节操清高著称，很有名声。但郭逊却认为自己远不如孟嘉。

郭逊诚恳地说，孟嘉温文儒雅，平易旷达，实堪钦佩。

有了郭逊的推许，孟嘉更受人尊重了，就连京师也知晓了他的名字。

公元334年，征西将军庾亮来到武昌。他听说了孟嘉的盛名，便召孟嘉前来，担任从事一职。

孟嘉谦恭地接受了。

一次，孟嘉去郡里办差事，回来时，被庾亮召见。

▼《东篱赏菊图》中，右下菊花丛里，三个侍儿正在煮酒备餐

庾亮问他："郡中风俗如何？"

孟嘉回答："不知。"

庾亮不语，拿着拂尘，掩口而笑。

孟嘉离去后，庾亮感慨地说："孟嘉真是老实人，实话实说，当真有盛德。"

孟嘉却觉得，自己没有做好工作，不够称职，便主动辞官了。

孟嘉步行回家，与母亲、兄弟见面。一家人和悦欢洽，依旧过着安然的日子。

十多天后，孟嘉又被庾亮召去，任命新的官职。

不久，庾亮设宴，招待朋友褚裒。褚裒是天下名士，久闻孟嘉之名，却不曾见过，便问庾亮，孟嘉可有出席。

庾亮告诉他，孟嘉在座，他自己可先辨认一下。

褚裒拿眼扫视。一会儿，他指着坐在稍远处的一个人说："此人气度不凡，大概就是孟嘉吧。"

庾亮一看，正是孟嘉！

孟嘉名声日高后，又被桓温召为参军。

有一年，九月初九，桓温带领文武官员登龙山，赏秋菊，设酒宴。

这是一种游宴，也就是嬉游宴饮，是一种带有游玩性质的宴会，可一边吃饭，一边观景。今天的野餐，与之相类似。

其实，游宴并不是魏晋时期才有的，早在3000多年前，古人就发明了这种吃饭方式。

▲南北朝时期的陶碗，可盛饭、盛酒

不过，由于游宴时，人与大自然亲密接触，会导致情感放纵、饮酒过量，引发情爱之事，或荒废事务，曾一度被周朝视为大害。

但游宴并未断绝，因为它能使人畅意、尽兴、放松。

游宴可设于后庭花月间，也可设于草野河流边。桓温举行的这次游宴，是设在青山碧峰间。

鸟语如雨，菊香浮荡，云雾缭绕，水声淙淙，宴饮开始不久，孟嘉就有了些醉意。当一阵山风吹过后，他的帽子被吹落了，他竟无察觉。

桓温示意他人，不要出声。

一时，孟嘉离座，前去解手。桓温让人把孟嘉的帽子捡回来，并写了一篇小文，放在案上，捉弄孟嘉。

孟嘉回来后，这才发觉自己落帽失礼。

但他不动声色，泰然自若，把帽子端端正正地戴好。然后，他拿起小文，仔细看了一遍。

▲这只镀，为南北朝时北魏人野餐所用

▲用于野餐的青铜勺，南北朝墓葬出土

随即，他取来纸笔，当即写文一篇，为落帽失礼进行辩护。

众人传阅后，无不叹服。他们不仅没有捉弄到孟嘉，反倒被他敏捷的才思、洒脱的风度所深深折服。

桓温见孟嘉如此和气、多才、从容，极为赏识，很快把他提升为长史。

孟嘉依旧如故。无论官职多高，都淡泊和顺，规矩正派。

他喜欢清静，家中少有闲杂之客。当他心有所思时，便独自入山，顾影痛饮，日暮方归。

桓温得知后，便问孟嘉，酒有何好处。

孟嘉含笑，说酒中自有意趣。

桓温又问："歌妓弹唱时，为什么弦乐听着不如管乐，而管乐不如歌喉？"

孟嘉回答："那是因为逐渐接近自然的缘故。"

越是接近自然的东西，便越真，越美，越有味。音乐如是，酒如是，饮食如是。

而一个人若想体察生命的本味，最好的方式，也是到自然中去。

扩展阅读

春秋时，越王勾践为兴国，下令：生男孩，奖两壶酒、一条狗；生女孩，奖两壶酒、一条豚鱼。这说明长江下游已形成"鱼米之乡"的格局。三国时，吴越鱼米更加兴旺。

◎豉的世界

崔浩出身显赫，却不炫耀，也不懒惰，反而内敛勤奋，诚恳真挚。

他喜欢文学，爱好经史，读起书来，外面花开花落都不知道。

他的才华光彩四射，时人自叹不如。他还没有成年，就被召入朝廷任职了。

皇帝见他字也写得好，很看重他，常让他伴随身边。

宫中法规严峻，官员们或多或少都会出现失误，而崔浩却严谨恭勤，从没有一次过失。

他还格外勤苦。大臣们下了朝后，都径直回家，他却照旧忙碌，有时黄昏才归。

皇帝得知后，心下甚悦，派人送粥给他喝。

公元409年，明元帝拓跋嗣称帝，依旧重用崔浩。

崔浩气节不改，更为勤勉，时常还为皇帝讲授经书。

公元415年，都城平城（今山西大同）大霜、大旱，秋天时，发生粮荒，饿死的百姓遍地皆是。

一些大臣建议，把都城迁走，以避灾难。

崔浩反对，说一旦迁都，人多杂处，容易发生变故，且处于荒野山林，水土不服，易发疫病，人的意志也会沮丧，柔然等部族也会乘机来袭；若不迁都，挨到明年春天，青草重生，牛羊得长，有了乳酪，还有苹果，就能挨到秋收了。

皇帝深以为然，但又有点儿不放心，问崔浩，若挨不到秋收时节怎么办。

崔浩建议皇帝，可把穷人安排到各个州去，由当地开仓赈恤。

皇帝听从了。

第二年，一切都如崔浩所言，秋收甚好，百姓安定。

皇帝很高兴，赐给崔浩一个侍妾、一件御衣、50匹绢、50斤绵。

崔浩肤白貌美，宛如女子，但胸有韬略，深怀计谋。皇帝多次召崔浩议政，每一次，都身心愉悦，常常谈至深夜。

一夜，皇帝意犹未尽，赐给崔浩10觚酒、一两特制的精盐。

皇帝告诉崔浩，他咂摸崔浩的话，有如这盐、酒，有滋有味，因而，特将盐与酒赐与崔浩同享。

公元423年，拓跋焘称帝，拜崔浩为太常卿，封爵。

皇帝想征讨赫连昌，群臣都觉得难办。唯有崔浩觉得机不可失。

皇帝相信崔浩，便兵分两路，一路轻骑由自己亲率，连夜发动奇袭。结果，一战获胜。

再战时，天气大变，沙尘肆虐，天地昏黑，暴雨就要降落。

有人向皇帝进言，说风雨欲来，军队逆着风沙前进，将士又累又饿又渴，不如退兵。

▼晋朝墓室壁画，上为丰富充实的厨房

崔浩听了，顿时斥责道："这是什么话！大军千里而来，怎么能因一日之变而退却！现在，正应借助风沙的遮蔽，偷偷靠近敌军，攻其不意。"

皇帝遂重新部署，在昏天黑地中，伏击了赫连昌。赫连昌大败。

公元439年，皇帝拓跋焘又要征伐北凉。

大臣李顺曾出使北凉12次，他极力劝阻皇帝，说前往北凉的途中，到处都是枯石，了无水草，军马无水；冬天，山上积雪深达几丈，春夏时，积雪融化，河流纵横，冲毁田地，军马无食。

崔浩反对说："《汉书》上明明记载，凉州富饶，多牲畜，若无水草，怎会多牲畜？而高山冰雪融化，只会使土壤更肥沃，怎会无食？"

李顺恼羞成怒，说崔浩只是看死书，而自己是亲眼所见。

其实，李顺是收受了北凉的贿赂，所以，才再三拦阻。崔浩深知内情，便不理李顺，极力支持皇帝用兵。

皇帝拓跋焘遂再次亲征。

▼古画中的晋朝人正在奉食

当大军逼近北凉城时，但见水草茂盛，翠影浓重。皇帝深深痛恨李顺，对崔浩则更加倚重了。

此后，崔浩辅佐皇帝，屡献奇谋，屡建奇功。

皇帝对崔浩越发亲近，有时，甚至跑到崔浩家中，向崔浩请教。

崔浩仓促接驾，来不及准备美食，只能用家常菜招待皇帝。皇帝总是兴头十足地吃着。

公元439年，皇帝拓跋焘命崔浩带人续修国史，要实事实录。

根据皇帝的要求，崔浩命人秉笔直书，无所避讳，并将内容刻于石碑上，立于大道旁。

由于内容披露了拓跋氏一些不为人知的早期历史，引起了拓跋贵族的愤恨，便向皇帝诽谤崔浩。

皇帝拓跋焘下令，拘捕崔浩。

崔浩对自己所犯何罪，闹不明白，当皇帝亲自审讯他时，他惶惑着，什么也说不出来。

公元450年7月，辅佐了三代帝王的崔浩，被杀死了。

崔浩死后，留下一本书，名《食经》。

《食经》是中国第一部关于饮食的专著。书中提到了食物储藏及制作方法，如“作豉法”。

豉，就是豆豉，由豆类加工而成，用于调味。春秋时，齐国人最爱吃豆豉。

豆豉能刺激唾液分泌，使人食欲大开，因此，到了崔浩生活的年代，古人还用豆豉炒大蒜，炒辣椒，蒸腊味。

豆豉不断演化，豆豉的家族也不断壮大，不仅有油豉、大豆豉、酒豆豉，还有黑豆豉、水豆豉、青豆豉等。

从盐到酱，从酱到豉，在这个过程中，咸的作用逐渐减弱，香的功能逐渐增强，足见人对味道的追求，正趋向精细化。

崔浩记录了豆豉的做法，他的《食经》一度被古人转载。遗憾的是，《食经》并未流传到今天。在战乱中，它已不知所踪。

扩展阅读

古人制酱时，发现酱放久了，会浮出一层酱汁，晶莹红亮，此为酱清。古人提炼酱清后，制成酱油，与醋并列为两大调料。酱油的酱色乌亮，稀释后，呈琥珀色。

◎素的味道

梁武帝萧衍即位后，不管春秋冬夏，每日都五更起床，看奏章，批公文。

盛夏酷热，他汗流浃背；寒冬腊月，他的手被冻裂。他却不言不语，不惧辛苦。

梁武帝虚心纳谏，在门前置二函，也就是两个盒子。若有才智之人未被重用，可投信于盒；百姓若有心声，也可投书于盒。

对于地方的小县令，他很重视，一旦发现有爱民之举，立即提拔。

梁武帝要求官员清廉，自己也格外节俭。一个帽子，他能戴三年；一床被子，他能盖两年。衣服也是旧的，食物只有菜和豆。

有时候，他忙得不可开交，一日只进一餐，不过喝粥而已。

这在皇帝中，是非常罕见的。

◀南北朝画像，一女子正在制作面食，墙上挂着蒸屉

▼南北朝画像，女子端来蒸好的面食

梁武帝也有私心，他见开国元勋位高权重，深恐威胁自己的地位，便冷落他们，不予重用。而对于皇室宗亲，他却总是护短。

他有个六弟，名萧宏，总是胡作非为，甚至窝藏杀人凶手。他不仅不管教，反而帮其隐瞒。

萧宏愈加乱来，竟与公主——梁武帝的女儿、自己的侄女，发生奸情。二人还密谋，要暗杀梁武帝，篡夺皇位。

不料，暗杀事败。公主自觉没脸，悄悄自尽了。

梁武帝受了很大刺激，但仍旧没有怪罪萧宏。

不久后，又发生了一件事，让梁武帝有些心力交瘁，几近崩溃了。

▼石窟壁画，现藏于德国，壁画上的供养人手捧素食礼佛

梁武帝有个吴姓的妃子，原本是北魏皇帝的妃妾，在跟从梁武帝后，只七个月就生下了儿子萧综。萧综可能是北魏之子，但梁武帝并不歧视、虐待，而是视如己出。

然而，随着吴妃逐渐失宠，她心生怨恨，开始挑拨父子关系。萧综便对梁武帝有了恨意。当梁和北魏发生战争时，萧综就领兵投奔了北魏。

梁武帝大为生气，撤消了萧综的封号，把吴妃废为庶人。

不久，梁武帝听说，萧综似想回来。他心头一软，马上让吴妃给萧综送去幼时的衣服。

萧综却没有回来。梁武帝有些寒心了。

吴妃极度抑郁，患了病，撒手人寰了。

梁武帝又起了恻隐之心，恢复了萧综的封号。萧综却依旧不归。

▲禅修壁画，禅修者坐在椅上，说明南北朝时已有了高足椅

梁武帝深受打击，身心俱疲。他似乎看破了红尘，开始向佛教寻求寄托。

公元527年，梁武帝来到同泰寺，出家做和尚。

他不近女色，不吃荤，只吃素，还呼吁百姓吃素。

其实，佛教传入中国时，并没有素食的规定，因为佛教徒持钵化斋时，无法选择荤素。但梁武帝说，吃肉就是杀生，就是违反佛教戒律，谁若违抗，就要受到惩处。这样一来，僧人便开始吃素了。

素食就此有了发展。

先秦时，素菜就很多样，有腌生菜、葱韭虀、菌类等。到了梁武帝时，素菜种类更加多不胜数了。

有一个寺庙，一个僧人竟然用一种瓜做出了十几种菜；每一种菜，又调出了十几种味道。

不仅如此，梁武帝还要神灵吃素。他下令，祭祀时，不准使用猪牛羊，而要用菜来代替。

大臣们不同意，七嘴八舌地反对。梁武帝无法，最终作出妥协，说可以用面捏成牛羊的形状祭祀。

大臣们又劝梁武帝回宫，梁武帝不回。大臣们就挤在庙里，没完没了地劝说。

三天后，梁武帝总算离开了寺庙。

两年后，梁武帝再次脱下皇袍，跑到同泰寺，穿僧衣，当和尚。

在寺中，他举行了佛教讲座，由自己主讲《涅槃经》。

大臣们捐钱一亿，请求赎回“皇帝菩萨”。

几天后，梁武帝还俗了。

然而，公元546年，梁武帝第三次出家了。

▲《乞士图》中，僧人持钵乞食

这一次，大臣们花费了两亿钱，才将皇帝赎回来。

次年，梁武帝第四次出家，在同泰寺住了37天，收到大臣们的一亿钱后，自己赎身回宫。

梁武帝的崇佛之举，使素食迅速扩散，绵延后世。

到了宋朝时，士大夫已经把素食与清明高洁联系起来。素食被推崇为清雅美味。

隋唐时，禅宗五祖弘忍一生食素，其三餐极为别致。

他自创了“白莲汤”：用寺后的白莲，做出清香之汤。

他还自创了“烫春芽”：摘香椿的嫩芽，用沸水焯之。

他又自创了“三春一莲”，也就是春卷。馅很丰美，有豆腐干、面筋、野菜；皮很精致，用青菜叶，或油皮。

进入清朝后，几乎每个寺庙都有自己的风味。有的寺庙，还做起生意来，如法源寺、定慧寺、白云观、烟霞洞等，沿山铺展食肆，大排档逶逶迤迤，香气袭人，食客络绎不绝。

在这个历史过程中，豆腐和豆一直是素食的主角。可以说，若无它们，素食就无法飞跃发展，素食文化也很难形成。

扩展阅读

道教徒对饮食很警惕，认为肉食、刺激性植物、菜，都能败坏清净之气，使人短寿。因此，他们锻炼少吃，用松子、泉水等充饥，以便身轻，达到飞升成仙的目的。

第六章

隋唐大席

南北分裂的局面，在隋唐时得到大一统。唐朝时，政治稳定，经济繁荣，文化开放，饮食文化也随之表现出相同的特质，不仅中原化，还容纳胡化。此外，养生化、宗教化、艺术化饮食也呈辐射状态。饮食制作更为精细，名食大量涌现，有生鱼片、猩唇、糖螃蟹、烤全羊、蒸全狗等。

◎饮食娱乐化

杨勇长相俊美，性格宽和，率真洒脱，喜好诗词歌赋。身为隋朝太子，他的朋友却少权贵而多文人。

杨勇爱美，追求美。他有一件蜀铠，爱不释手，还精心地将其文饰了一番。此事被父亲隋文帝知道了，隋文帝不大高兴，觉得他有些奢侈，便把他叫来，训诫了一番。

杨勇听从了。

杨勇性情粗放，有些不拘小节。有一年冬至，当大臣见到他，向他行朝见礼时，他没有多想，高高兴兴地接受了。

隋文帝却很恼火，阴沉着脸，责问大臣这是哪来的礼节。

一个大臣忙说，太子的确不应用“朝见”，只应用“贺”。

隋文帝下令，太子违反礼制，群臣不得对太子行朝见礼。

此事让隋文帝对杨勇产生了疑虑。杨勇忐忑不安，但很快就忘了。

▶宴饮石刻，乐人敲鼓

▶宴饮石刻，乐人手持排箫

年初的时候，宫里一片喜庆。杨勇也在兴头上，大摆筵席，宴请东宫的官员。

其时，唐令则任太子左庶子。他多才艺，懂文章，常有艳词丽曲，颇得太子之心。

席间，唐令则主动请求，要为太子弹琵琶，唱《武媚娘》（非唐朝武媚娘）曲。

在饮食时进行歌舞弹唱，是饮食娱乐化的一种表现，早在夏朝就已出现。

这种宴飨音乐发展到隋朝时，更加隆重。即便是家常之宴，也伴随娱乐活动。

隋朝时，很多西域人都来到中原，带来了异域歌舞、乐器。这使宴飨音乐步入了一个新的阶段。

隋朝太子杨勇爱好雅趣，对宴飨娱乐更是热衷。当唐令则的琵琶声响起后，他深深沉醉，颇为愉悦。

就在这时，担任太子洗马的李纲站了出来。

李纲批评唐令则："身为左庶子，职责是保护太子，而不是献唱。现在，把自己混同卖唱的，以下流小曲污染人心，若被皇帝知道了，怪罪下来，必将连累太子！"

李纲之所以这样说，是因为《武媚娘》曲旖旎浪漫，在当时被视为"淫声"，唐令则唱此曲给太子听，不啻于

◀宴饮石刻，乐人击磬

◀宴饮石刻，乐人吹笙

“戏狎”，有不入流的意思。

太子杨勇却大大咧咧，不在意这些小节。

他听得正舒坦，便对李纲说：“我想听，你别多事。”

李纲见太子不听劝谏，便默默退出了。

此事传到隋文帝耳中，隋文帝不语，心中对太子却更有看法了。

杨勇风流多情，妾侍颇多。有一位云昭训，娇美婉转，备受宠爱，待遇与太子妃差不多。太子妃在冷落中气愤悲伤，抑郁而死。

杨勇的母亲得知后，认为是杨勇和云昭训暗害了太子妃，便大斥杨勇，又命人暗中监视他。

隋文帝本来对杨勇就有戒心，现在便想废黜杨勇的太子之位了。

杨勇总算觉察到了，心里不禁害怕，冒出一些埋怨的话来。

隋文帝闻之，怒不可遏，当真把杨勇废为了庶人，幽禁在东宫。

一些大臣犯颜进谏，觉得杨勇罪不至此，再三劝解，

▶隋文帝杨坚图像

◀宴饮壁画上，宴客一边饮酒，一边玩投壶游戏

但隋文帝不听。

杨勇也感觉冤屈，一次次地请求面见隋文帝，想要解释，但始终见不到。

有一天，他在情急之中，爬到了一棵大树上，高声呼喊隋文帝，希望能见上一面。

隋文帝远远看见了，有些犹豫。

他身边有个大臣，属于新太子阵营，立刻进谗，说杨勇神志错乱，魂儿都收不回来了。

隋文帝信以为真，点点头，离开了。

不久，隋文帝染病，卧于仁寿宫。一个妃子趁机告诉隋文帝，杨勇从未丧失神志，都是新太子背后捣的鬼。

隋文帝恍然大悟，始知冤枉了杨勇，赶紧召杨勇进宫。

然而，新太子拦截了圣旨，等隋文帝一死，立刻矫诏，赐死了杨勇。

曾经为杨勇弹唱《武媚娘》曲的唐令则，也被杀死了。

扩展阅读

隋朝人出海时，在船上捕鲙鱼，去皮骨，切丝，晒3~4日，装入白瓷瓶密封。欲吃时，取出鱼干，用布包裹，于瓮中浸水。三刻后，沥干，放香柔叶上，鲜美如刚捕之鱼。

◎下馆子不花钱

杨广是隋文帝的次子，他矫诏缢杀了哥哥杨勇后，顺利登基，成为隋炀帝。

为巩固统治，隋炀帝把几个侄子也都一一毒死了。

坐稳了宝座后，隋炀帝开创了科举制，以选拔人才。这个制度，一直延续到清朝，对中国政治文明有巨大贡献。

公元605年，隋炀帝下令，由韦云率领大军，进攻契丹。

韦云颇有谋略。他放出流言，说要去柳城（今辽宁境内），与高句丽做生意。契丹人信以为真，未加防备。

韦云进入柳城后，距契丹大帐只有50里。他瞅准时机，猛地发起突袭。

契丹军惶恐，当即乱了阵脚，有4万多人成了俘虏。

此战，拖延了契丹的崛起。

隋炀帝心花怒放，四年后，又亲征吐谷浑。

他亲率大军，浩浩荡荡地奔赴西域，指挥作战。

▶隋朝鸡首壶，用于盛酒

▶隋朝龙颈瓶，双龙连体，造型奇特

吐谷浑不敌，败得稀里哗啦。

扫平了吐谷浑后，隋炀帝在西域新设了五个郡。

为了开发西域，并炫耀自己的文治武功，他一门心思想让西域人到中原贸易。而引诱的方法，就是免费吃饭。

公元610年正月，隋炀帝下令，洛阳街巷，大演百戏；所有的店铺，都用帷帐装饰；所有的食肆，都向西域商人开放，吃与住，一律不准收费。

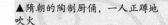

▲隋朝的陶制厨俑，一人正蹲地吹火

洛阳是隋朝都城，隋炀帝每月征调200万人，用了10个月时间建成。洛阳有宫城，有皇城，有外郭城；外郭城内，另有三大市场。隋炀帝又以洛阳为中心，开凿了大运河，如此一来，岸头里巷，一片繁华，大小食肆，举目皆是。

食肆，就是饭馆。西周时，还没有饭馆，古人出远门或旅行时，都要自带粮食、炊具，就地做饭。但市上有卖酒的，可以买回来喝。

饭馆是在战国时出现的。战国纷乱，许多人都坐在饭馆里，大口吃喝，大谈国事。

汉朝时，经济发达，饭馆经营得比较精细了，总有一些流行的时令菜。例如，枸杞猪肉、切肝、腌羊肉、冷鸡块、卤肉干、狗肉脯等。

隋炀帝时，餐饮业更加繁荣，饮食更加多样。

当西域商人走在洛阳街上时，眼花缭乱。他们但凡经过一家饭馆，都会被热情地邀请进去，大吃大喝，免费品尝。

西域商人还被告知，中国物产丰富，下馆子从来不花钱。

西域人完全被骗住了，又惊讶，又羡慕。一个月后，当他们返回西域时，恋恋不舍，频频回头。

这一个月，花费巨大，均由国库支出。隋炀帝获得了虚名，感觉很有面子，喜不自禁。

其实，在唐朝时，也有吃饭不要钱的事儿。唐时，从长安到地方县城，有一条官道，两边挤满了饭馆。一些人干脆当道卖酒，随意饮用，随意给钱。遇到落魄的行人，喝了酒，也不要钱。因为那时人人富裕，当真不差钱。

但隋炀帝时却并未达到人人富裕的程度。尤其是，隋炀帝建造洛阳，花费颇大，还死伤不少人。他还修建了其他建筑，也都死伤颇多。在他统治的十多年中，有1000万人被他征调，死者遍天下。军民不堪重负，最终揭竿而起。

隋炀帝见天下大乱，心灰意冷，随身带着毒药。

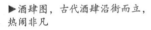

▶酒肆图，古代酒肆沿街而立，热闹非凡

不过，无论情况多么糟糕，他都没有服毒，而是暗中打算迁到南京去。

为了迁居，他又开始在南京修建宫殿。跟从他的卫士，怨恨不已，再也不堪忍受，纷纷逃离了。

几位将领趁机发动兵变，逼迫隋炀帝自缢了。

隋炀帝死时，连口像样的棺材都没有。萧皇后和宫人拆了床板，勉强拼成了一个窄小的棺材，偷偷地把他安葬了。

▲隋朝白玉杯，镶有金边，细腻华美

扩展阅读

古人重视诞生礼食俗，常用红鸡蛋、桂圆、花生、莲子、葫芦等求子。婴儿出生三天，要用姜片擦关节，用葱打三下，意为聪明伶俐；出生一个月，要办满月酒。

◎蒸熟的“乐伎”

韦巨源是陕西人，与韦皇后是亲戚。入朝后，他一味巴结韦皇后，得到了韦皇后的认可。

唐中宗本来对他很一般，这下开始重视他了，任他为吏部尚书。

这一年，韦巨源前往贝州。时逢阴雨连绵，天气恶劣，颗粒无收，百姓凄惨。

对贝州人来讲，这是千年难遇的灾年。而对韦巨源来讲，这却是发号施令的好时候。

当刺史宋璟提议，免除贝州的捐税时，他很不高兴，立刻板起了脸。

他对宋璟说：“贝州虽然多雨，淹没了庄稼，但桑树并未冲跑，还可以养蚕织布，所以，税还是要交。”

此令一下，贝州不堪重负，深陷凄风苦雨之中。许多人被迫离开家乡，四处流浪。留下的人，为了活下去，朝夕奔命，甚至卖掉子孙。

▼唐朝墓室壁画，侍女端举面食

▶唐朝士大夫酒宴畅谈

回京后，韦巨源继续谄媚韦皇后和唐中宗，被改任刑部尚书。

公元706年，王同皎、韦月将发现韦皇后与人淫乱，便揭发了此事。

唐中宗宠信韦皇后，听了此言，顿时大怒，将二人抓起来，下令斩首。

大臣宋璟得知后，急忙奔去见皇帝，试图阻止。

唐中宗得知宋璟来了，更加生气，害怕丑闻外扬，来不及整衣，趿拉着鞋就跑出宫殿侧门，对宋璟说："我以为已经斩了，怎么还没斩！速斩！"

宋璟坚请审问后再做定夺。皇帝不许。

宋璟也来了气，说："若斩他们，先斩我！"

唐中宗冷静了一些，下令审讯。

审问中，丞相耍滑，假装打瞌睡，由韦巨源等人决断。

韦巨源跑前跑后，为帝后掩饰、料理，最终还是判处了二人死刑。

韦皇后和唐中宗认为办得好，晋升韦巨源为丞相。

为了感谢韦皇后和唐中宗，韦巨源特意设下"烧尾宴"，请帝后来享用。

烧尾宴，是唐朝一种高级宴会，原是为入仕或升职的人而举办的。当时，流传一种说法：入仕和升职，是由老虎变成人，而老虎变人时，尾巴最难变化，必须要烧掉虎尾才行。因此，就有了烧尾宴。

其实，烧尾宴的真正目的，是拉拢同僚，融洽关系，或表达谢意。

韦巨源设下的烧尾宴，既奢华，又雅致。每道食物的名称，都深有内涵。

"凤凰胎"，为鱼鳔所制。

"遍地锦装鳖"，为鸭卵、羊脂所制。

"白龙臛"，就是烧鳜鱼，肉白而美。

▲唐朝酒壶，白瓷凤首，上乘之作

▲唐三彩鸡形酒杯，光彩四溢

“仙人脔”，就是炖乳鸡。

“箸头春”，就是烤活鸭子。

“升平炙”，就是凉拌300条羊舌头和鹿舌头。

“二十四气馄饨”，就是包24种混沌，每一种花形、馅料，代表一个节气。

除此之外，韦巨源还准备了“光明虾炙”，也就是生虾。

现代人吃生鱼片，以为新鲜，其实，唐朝早就开始吃生虾了。

不过，唐朝的长安人，吃到海鲜并不容易，要从宁波等地采买。当时没有飞机和高铁，海鲜运到京城，要用船、马车等，仅是“递夫”就有436000人。韦巨源弄来了鲜虾吃，也说明了他的权势之大。

韦巨源准备的美食中，最令世人咋舌的却是——“素蒸音声部”。

素蒸音声部，是用面捏成乐伎的模样，然后蒸熟。

韦巨源用面做了70个乐伎，有弹琴鼓瑟的，有翩翩起舞的。这支面乐队在蒸熟后，被摆到洁白的象牙盘上，玲珑剔透，美得惊心。

▼农耕壁画上，人物使用曲形犁，说明唐朝的农耕效率已经大有提高

素蒸音声部可以吃，但主要是看。严格地说，它是看席。

看席，就是起装点作用的食物，样子好看，有寓意，能增强气氛，显示宴会等级。

韦巨源一共准备了56道美食，食谱长长一列，丰盛豪华。

唐朝时，风气开放，礼制松弛，帝后可与大臣共餐。因此，韦皇后和唐中宗接到邀请后，欣然驾临韦巨源家。

帝后吃得开心，笑得开怀，对韦巨

源的"孝敬"非常满意。

韦巨源更加卖力地奉承帝后了。

一日，为了给韦皇后造声势，韦巨源等人制造了一个假新闻，说皇后的衣箱中，裙上升起了五色云，缭绕很久，方才消散。

在韦巨源的鼓噪下，天下都以之为祥瑞。

唐中宗还召来画工，画出祥云，给百官看。

这一年，恰有流星坠落，声响如雷，野鸡惊得日夜鸣叫。韦巨源马上又巧舌如簧，说上天在响应皇后的祥瑞。

当皇帝在南郊举行祭祀时，韦巨源又以皇后为亚献，以自己为终献。

一时，韦巨源权势熏天，炙手可热。

然而，就在这时，唐中宗蓦然驾崩，宫中发生了内乱。眨眼的工夫，韦皇后就被杀了。

韦巨源一家分外惶恐，气氛极度紧张。家人告诉韦巨源，赶紧逃匿。

韦巨源不去。

他说："我是国之大臣，岂能有难不赴？"

于是，他走出门，来到街上。当下，乱兵涌来，群情激奋，一阵乱刀就把他杀了。

扩展阅读

唐朝人张易之创造了"鹅鸭炙"，乃残忍食法：用铁笼困住鹅鸭，笼中放炭火，笼边放铜盆，内有五味汁。鹅鸭受不住火烤，绕笼奔跑，渴饮五味汁。等羽毛被烤光时，肉也变红，便可吃了。

◎冰冷的梨

大祚荣是靺鞨人，父亲为部落首领，领地在营州（今辽宁朝阳）。

营州有很多汉人，大祚荣从小接触他们，不知不觉中，接触了汉文化。在他眼里，汉人很好，既可亲，又率真。

营州一带，还生活着契丹人。公元696年，契丹人与汉人打仗。契丹人胁迫大祚荣父子，一同反唐。朝廷震怒，开始攻打大祚荣父子。

唐朝将领李楷固骁勇善战，一路追杀而来，靺鞨人或死或伤，尸体漫山遍野。

就在这危急时刻，大祚荣的父亲病逝，大祚荣成为首领。他见战事惨烈，不愿再战，便率领残存的靺鞨人逃走了。

李楷固紧追不舍，跋山涉水，一径深入了辽东的古老森林。

大祚荣虽然只有二十多岁，面容青涩，但内心成熟，勇敢、冷静，懂得用兵。他见李楷固咄咄逼人，便决定智取。

他算出，李楷固此来，定会经过天门岭。于是，他在山岭密林中，设下了伏兵。

李楷固轻敌，贸然行军，毫不在意地狂奔到天门岭，结果，被大祚荣堵了个正着。

靺鞨人凭借地势，冲突而出。唐军乱成一团，无处可逃。李楷固虽幸免一死，却也遍体鳞伤。

朝廷息兵后，大祚荣扩充兵马，

▼备宴图，餐前的茶酒准备

返回靺鞨故地。

▲侍洗图，餐前的清洁准备

靺鞨一族，是个古老的山林部落，世居白山黑水间，即长白山、黑龙江、松花江一带。其势力范围，相当于今天的东北、朝鲜半岛东北、俄罗斯远东一部分。

公元699年，大祚荣自立为王，创立大震国。

辽东一带，有许多政权，如契丹、突厥、奚、室韦、新罗、高句丽等。大祚荣非常聪明，在如林的强邻间，进行友好的国际外交，争取到了发展空间。

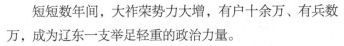

短短数年间，大祚荣势力大增，有户十余万、有兵数万，成为辽东一支举足轻重的政治力量。

大祚荣带领靺鞨人，过起了较为安定的日子。

辽东水木繁密，他们便从事畜牧、种植、射猎、渔捞、采集等。

比起中原人，他们吃下的畜、兽、禽、鱼等要多得多，摄取的动物蛋白也多得多。这使他们体格很好，强劲有力。

其实，他们之所以爱吃肉，还因为辽东多雪，而动物脂肪能让他们暖和。

荒蛮的环境，让他们的口味很重。他们爱吃盐，爱吃辣，爱喝酒。

辽东是最早种植烟草的地方，他们也爱抽烟。

在漫长的寒冬期，他们还创造出了一种独特的饮食文化——冷食。

他们把梨放在冰雪里冻起来，使梨变得漆黑，硬邦邦的，可保存许久；待吃时，把梨放入凉水中，一会儿，梨上便结出一层冰壳；去除冰壳，就是一个柔软的梨了，吃起来，又凉又甜。

他们还发明了冻山楂、冻苹果等，也有冻饺子、冻豆包、冻馒头、冻肉、冻鱼、冻豆腐等。

冷食只是一部分，他们还创造了干菜。

他们把倭瓜、西葫芦、萝卜、茄子等切成条，像晾衣服一样，把它们晾晒起来，然后贮存。

干菜失去了颜色，变成灰褐色，抹布一般，但炖起肉来，却柔韧喷香，滋味了得。

辽东本为边境地带，保守封闭，可是，它却是一个开放的系统，其他民族的人不断迁入，使东北饮食文化得到了飞跃发展。

在野味四溢的辽东，大祚荣的日子颇为安泰。忽一日，唐王朝的使者来了。

▼繁荣的渤海国（模拟图）

原来，唐中宗继位后，为全力对付突厥，派人来招抚大祚荣。

使者向大祚荣说明了来意。大祚荣为凌驾于其他少数民族政权之上，毫不犹豫地表示，愿意归附朝廷。

为了表明诚意，他让儿子随使者回朝，作为人质。

唐中宗大喜过望，赶紧册封大祚荣。但由于战事激烈，道路被阻，使者无法通过，册封之命无法送达。

唐中宗死后，唐玄宗继位，还惦记着这件事儿。

唐玄宗又派人前往大震国。这一次，路况很好，使命总算送达了。

大祚荣被封为了渤海郡王。

从此，大震国改为渤海国，成为唐朝在辽东的最高军政机构。彼此还进行贸易，开辟了一条繁华之路。

扩展阅读

唐玄宗宴请安禄山时，做了一道“野猪鲊”：将野猪剔骨，煮熟，晾干，切片；再拌上粳米饭，用盐、茱萸子调和，泥封入坛；一月后，取出，煮熟，加蒜、姜、醋吃。

◎弃婴对茶的贡献

公元733年深秋，一个微凉的清晨，湖北龙盖寺的智积禅师走在薄雾中。

他来到西郊，踏上一座小石桥。忽然，一阵哀鸣声传来。他凝神驻足，看到桥下不远处，有几只雁在哀鸣，雁翅下仿佛有什么东西。

他好奇地走过去，惊讶地发现霜地上躺着一个男婴，瑟瑟发抖，面无人色。

智积禅师急忙抱起弃婴，奔回寺中。

这个男婴非常幸运，在濒死之时得到了救助，而且救助他的人还是著名的高僧。

智积禅师救回孩子后，请邻近的李姓夫妇哺育。李家有私塾，书香气浓厚，待男婴如己出，为他起名为李季疵。

时光如流，弹指一挥间，七八年时间过去了。李氏夫妇业已年迈，渴望叶落归根，便返回故乡去了。

李季疵噙泪送别，回到了龙盖寺。

▼元朝画家赵原所绘《陆羽烹茶图》

李季疵长得不好看，容貌丑陋，还口吃，说话结结巴巴。可是，智积禅师非常爱护他，用心地培养他。

智积禅师还煞费苦心地又为他重新取了名字——陆羽，意思是，鸿雁飞于天，羽翼翩然，自由通达。

陆羽也很依赖智积禅师。智积禅师打坐时，总要喝茶，他便每日都给禅师侍奉茶水。

早在汉朝时，古人就已知道，茶不仅止渴，还能“令人不眠”，若加点儿姜桂，还能使茶更香、更刺激、更能解毒抗病。

佛门清静地，时常打坐修习，时间一长，就会困倦，但喝了茶之后，中枢神经一兴奋，就能驱逐睡意了，打坐时也不会因瞌睡而东倒西歪了。

◀白瓷茶瓶，用于点茶，与陆羽像同时出土

正是因此，僧人最擅长煮茶。他们把茶理与禅理合一，即禅茶一味。

智积禅师煮得一手好茶，有时，还加入米或油，制成茶粥。

陆羽耳濡目染，对茶有了很深的了解。

◀白瓷渣斗，用于盛放茶渣，与陆羽像同时出土

他知道，煮茶离不开水，因此，他对水的观察，非常细致。

他注意到，水有老嫩。

老嫩，就是水沸腾的程度：刚沸腾时，为嫩；沸腾三次后，为老；三沸之间，恰到好处。

◀白瓷茶臼，用于碾茶，与陆羽像同时出土

在茶香水气中，陆羽深深地爱上了茶事。

智积禅师没有让陆羽出家的想法，陆羽12岁时，禅师细心叮嘱了他一番，让他离开了古寺。

◀白瓷茶镬、风炉，用于煎茶，与陆羽像同时出土

陆羽先去戏班子里干杂活，又演了丑角，还学着谱了曲子，写了剧本。

接着，他又去拜访名师，

研习学问，一学就是七年。

19岁时，陆羽学有所成，却无一丝入仕思想。他漠视权贵，不爱财富，一颗清心只留恋大自然。

他有一个清雅的愿望，那就是，将余生都付诸考察茶事上。

当时，茶学，非正途之学，为社会所鄙弃，被视为杂学，难入正统。陆羽虽为儒家学者，但他并不教条、死板，而是拒绝随大流，勇敢地推崇茶学。这是非常难得的。

▼坐禅图中，侍者捧茶以待，形象地表明了禅茶一味的意境

他写了一首诗歌，名《六羡歌》。诗中写道："不羡黄金盏，不羡白玉杯，不羡朝入省，不羡暮登台。"那么，他羡什么呢？他又写道，"千羡万羡西江水。"原来，他渴望的是一杯好水，以便煮茶。

时值战乱，陆羽夹杂在成群的难民中，一边流浪，一边实地研考茶和水。

一日，在扬子江畔，陆羽正认真地品味水质，遇到了刺史李季卿。

李季卿听说过陆羽的名字，盛情邀他谈话。其间，李季卿听说南零水煮茶甚好，便让士卒去取水，以招待陆羽。

南零水，是扬子江深处的一股冷泉，极为甘冽、清澈。

士卒驾着小舟去了。岂料，在返回时，风浪很大，小船摇动，将水泼洒了一多半。

想到船就要靠岸，再去汲水已然费时，士卒便在岸边偷偷地舀了些江水，兑了进去。

令士卒震惊的是，陆羽接过水后，只尝了一口便指出，此为近岸之江水，非南零水。

李季卿忙令士卒再去取水。这一回，陆羽说，这才是江心南零水。

士卒深以为奇，佩服得五体投地。

其实，对于陆羽来说，南零水和江岸水，一清一浊，一轻一重，分辨它们简直易如反掌。

◀陆羽像，五代出土，白瓷质地

此事过后，陆羽名声大噪，几乎被神化了。

陆羽继续南下，一路辗转，来到江南。

江南还算太平，陆羽稍事安顿，写下了《水品》，评析了几十种水，有江水、河水、井水、泉水、雪水等。

在这份水的排行榜中，南零水被陆羽列为第七品。

陆羽24岁时，来到湖州。在这里，他与皎然结下了一生的友情。

皎然，是一位诗僧，年长陆羽许多。但有了诗与茶，他们成了忘年之交。

皎然隐居在杼山的妙喜寺，与名流、高士、官宦等，联系甚广。他把陆羽引入其间，开拓了陆羽的视野，加深了陆羽的见识。

陆羽住在寺内，搜集关于茶的资料。由于寺中来往人多，皎然又帮他在溪边盖了小屋，让他闭门著书。

有了皎然的支持，陆羽开始了《茶经》的写作。

与考察时一样，他依旧不畏辛苦，起早贪黑地琢磨、

▶唐朝茶碗茶托

▶唐朝贵族所用的鎏金银茶托

分析、书写。

《茶经》问世后，茶的地位，几乎一夜间便上升了。

这部划时代著作，还成了一个标尺。此后，所有关于茶的问题，都以它为标准。

作为世界上第一个写茶书的人，陆羽使茶得到了发展。今天，每一个喝茶之人，都应感谢他。

陆羽的贡献还在于，他使茶与士大夫紧密联系起来。在陆羽之后，士大夫们开始觉得，茶如隐士，酒如豪士；茶清，酒浊。

茶，被推举为清虚之物，迎合了清者不为名利所羁的清白高品。

饮茶，成为清尚。

唐朝诗人皮日休说，饮茶胜于饮酒，水煮沸时，投入茶末，诗意四溢。

随着茶的崛起，这种至清之物的采摘、蒸捣、烘培、烹煮、取水等，也变得至关重要了。由此，喝茶成了艺术。

扩展阅读

唐朝有一种“无心炙”，是不调五味的食物，为时尚美食，一度备受推崇。但实际上，由于它无滋无味，很难下咽，只有吃多油腻的人和饥饿至极的人，才向往之。

◎裙子里的野宴

韦绚一出生，就陷于绮罗中，一生富贵。他的父亲是两朝宰相，去世后，家中犹富。

韦绚幼时读书，特别喜爱文学。长大后，他前往白帝城，跟随刘禹锡学习。

唐文宗时，韦绚入朝为官，负责皇帝的起居。

与韦绚一同在朝的，还有魏谟。魏谟性情慷慨、刚烈，敢于直言，大事小事都很公正。韦绚对魏谟很尊重，心想，等到皇帝提拔魏谟当宰相时，自己更会受重用。

然而，世事难测。唐文宗患了疾病，竟然不治而死了。而唐武宗继位后，不那么尊崇文人学士了。

韦绚有些怏怏然。

忽一日，韦绚正在宫中当值，忽然听说，魏谟当宰相的事被中止了。

韦绚心下一动，暗想，皇帝连魏谟都不重视，更不会在意自己了。

他默默地盘算着，内心很无奈。

此时，在大殿内，大臣杨嗣正在和皇帝说话。

杨嗣说："韦绚那个人，刚刚被任命为起居舍人，都没向皇帝谢恩，也中止吧。"

唐武宗轻轻点头，没有作声。

很快，有人悄悄来到殿外，暗中把事情告诉给韦绚。

韦绚正在埋头忙碌，手里拿着笔和木简。他一听这话，赶忙把东西放到玉阶石头上，一径跑过去。

他一边致辞，一边叩拜，向皇帝谢恩。

▼唐朝花草盘，青黄釉色，与春日呼应

在弄出了一身汗后，他总算未被罢官，后来又被任命为节度使。

闲时，韦绚静下心，编撰了《刘宾客嘉话录》，收录了朝廷逸闻、文人逸事、民间传闻等。

此书细致入微，非常可爱，连梦话、谐谑，都囊括在内了。其中，还写到了“斗草”，说安乐公主曾斗百草解闷。

斗草，也是斗花，就是到野外游荡，摘花佩戴，比赛谁戴的花最美、最名贵。

斗花的主角，多为女子。唐朝女子常在“探春宴”与“裙幄宴”时，进行这种活动。

▼唐朝风气开放，图为女子拿碗饮酒

“探春宴”与“裙幄宴”都是野外聚餐，在“立春”与“雨水”两个节气间举行。

每到这个时候，权贵女子便互相邀约，或乘车，或骑马，载着餐具、酒食，芳香骀荡地前往郊野。

她们穿行在花间树下，裙裾飘荡，青丝缭绕，四处寻觅奇花异草。

很多人为了斗花得胜，事先已经从花匠那里买来名花。

为了斗花，花匠们提心吊胆，因为若把花留给这一个，就会得罪那一个，引来杀身之祸。有一个花匠养的花特别好，但他每看一眼，都吓得哆哆嗦嗦。由于极度害怕，他干脆把花苞毁掉，连夜逃走了。

斗花时，深色花为最美，也最贵。一束深色花，相当于10户人家一年的赋税。

不过，参加探春宴的女子都很富有，不惜重金抢购。

贫女也来踏青。她们买不起花，便采摘野花，也是别有风情。

斗花结束后，女子们会找一个地方，四周插上竹竿，然后，将裙子连结起来，挂在竿上，形成帐子。

之后，她们钻到里面，在“裙子”里进餐。因此，也叫裙幄宴。

她们满头花瓣，花影重重，大肆饮酒，说说笑笑。

食物中，有牛犊肉干、熊鹿冷肉、黑芝麻炸面、鱼子酱夹饼等。

玩闹至天黑，她们方才归家。

探春宴、裙幄宴是女子的宴会，雅致、好玩，有别于其他饮宴。

▲古代的斗花习俗在男子中也存在，图为《斗梅图》

在花草中聚众饮酒，野风吹荡，还能消解平时蛰居深闺的郁闷。这显示出，唐朝的社会伦理对女性很宽容。

由于女子们不仅斗花、斗酒，还要比斗菜肴、餐具，因此，饮食生活也得到了发展。

扩展阅读

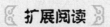

现代有自来水，唐朝则有“自来酒”。唐太宗接见回纥使者时，建高台，上放银瓶，地下埋管道，酒通过管道入瓶，瓶下管道又将酒注入杯中。几千个回纥人痛饮，也只喝掉了一半。

◎寒具，入诗的小吃

唐宪宗时，弊政沉积，一些有志大臣渴望改革。皇帝也很向往，跃跃欲试，准许了。

太监和藩镇却不乐意，深觉利益被触犯，便从中作梗，频繁地捣鬼，激烈地反对。

如此一来，不足半年，改革就流产了。

▲新疆出土的唐朝点心，装在艳丽的碗中

皇帝压力很大，被迫把八位主张改革的大臣都贬为了司马，史称“八司马”。

这八人中，有两个文坛大师，一是刘禹锡，一是柳宗元。

刘禹锡被贬到朗州（今湖南常德），柳宗元被贬到永州（今湖南零陵），距首都长安都很远，极为荒僻、落后。

刘禹锡深深叹息，在处理事务之余，常寄情山水，书写诗文，以打发时间。

▲新疆出土的唐朝点心，右为馓子

在朗州，刘禹锡一待就是十年。有时，他恍惚觉得，这个世界已经将他遗忘。

十年后，朝廷终于有人想起了他，觉得他还是有才干的，流放在边地太可惜了。于是，在奏请皇帝后，把他召回来了。

刘禹锡很激动，一路跋山涉水，飞快地回到了长安。

然而，他很快就失望了。朝中的权贵，多迂腐无能，这让他既看不惯，又很气愤。

▲新疆出土的唐朝点心，左为鱼形，上有精细的鱼骨纹

春暖时节，刘禹锡前往玄都观踏青。观中，满植桃树，粉白的花朵拥拥簇簇，熏得风都香了。

刘禹锡爱之不舍，流连不去。他又想到十年流放生涯，心头不禁感慨万端。

回家后，他不能释怀，提笔写道：“紫陌红尘拂面来，无人不道看花回。玄都观里桃千树，尽是刘郎去后栽。”

刘禹锡是大文学家，此诗一出，马上出名，在长安城中传唱。

朝廷也知道了这首诗，一些别有用心的权贵开始仔细琢磨，分析其中的深意。有个人天马行空地想了一会儿，说，此诗明里是写桃花，暗里是在讥讽他们。

权贵们顿时来了气，拥到皇帝跟前搬弄是非。

唐宪宗不快，又把刘禹锡流放了。

这一次，刘禹锡被贬为播州（今贵州遵义）刺史。

刺史，比司马高一级，但播州比朗州更偏远，更荒凉，罕见人烟。

刘禹锡的母亲，已经八十多岁，难以长途颠簸。刘禹锡又急又悲，一时茫然无措。

此时，柳宗元被改任柳州刺史。他得知刘禹锡的困境后，连夜写奏疏，恳请皇帝，把他派到播州，把刘禹锡派到柳州。

唐宪宗看了奏疏，有些意外，一时难定。

一些大臣很感动，纷纷说情，请求皇帝允准。

唐宪宗犹豫了一番，把刘禹锡改为连州（今广东境内）刺史，比播州近了许多。

刘禹锡遭贬后，在市井烟火中，闲闲地打发日子。

又过了足足14年，朝廷换了宰相，他才被重新召回去。

多年谪居，无尽凄寂。刘禹锡感叹苍天与苍生，感慨世事与世情，把沧桑与苍凉都付诸笔端。

暮春时节，刘禹锡想起玄都观的桃花，便再度前往。

旧时种桃的那个道士，早已逝去，桃树无人照料，或被砍伐，或已枯死。地上荒草丛生，长着燕麦、野葵，满目荒凉。

刘禹锡内心酸楚、凄凉，他想着当年的桃花灼灼，想着当年打击他的权贵，不禁恍如梦幻。

他再一次写下一首诗：“百亩中庭半是苔，桃花净尽菜花开。种花道士归何处？前度刘郎今又来。”

一些反对他的大臣得了这首新诗，又研究起来。

研究的结果是：刘禹锡在发牢骚，还叫嚣自己“今又来”——是最终的胜利者。

这一番解读，又呈给了唐宪宗。唐宪宗很生气，又把他外放了。

就这样，刘禹锡一共被冷落了23年。

刘禹锡极为失意，积郁成疾。一日，朋友给他推荐了一位医者，他趔趄前往，请医问药。

医者告诉他，病很顽固，无规律的生活使他肠胃功能减弱，食物消化不利，亦难产生热气，胃成了盛装食物的口袋。

医者让他口服一种丸药，但药中含毒，不可过量。

刘禹锡颔首，遵医嘱而服。

不过一月，病情有所好转。时人纷纷称奇。

有人多心，对刘禹锡说，医者治病，总是少给药，以使病人多次就诊，从而敛财。

刘禹锡听了，便开始增加药量。结果，引发了中毒，遍体胀疼，寒战发热。

最终，医者给他灌入了解毒药汤，方才得愈。

此事让刘禹锡印象深刻，对民间医术大为叹服。他开始认真地观察生活，并有了更深刻的了解。

他来往于街头，行走于巷陌，接触了各种各样的人生，熟悉了各种各样的生活情态。有时候，他晨起出门，就在铺子前买些寒具，一边吃，一边与人闲话。

寒具是一种清晨的小食，一种小吃，在世界面食史上出现最早。

先秦时，古人用蜜和面制出白饼、髓饼、粉饼、豚皮饼等，并用油煎，可保存几个月。等到寒食节，家家禁烟火时，便可吃它了。这便是寒具的由来。

寒具，也叫环饼。其实，它就是馓子。

◀唐朝银盘，向日葵边口，盘心有狮子突出，是件华贵的食具

汉朝的寒具非常多，汉朝人在面粉、糯米粉中，加盐，或蜜、糖，然后搓成细条用油炸。寒具出锅后，有的像麻花，有的像环钏，有的像栅栏。

唐朝时，“点心”二字问世，寒具也被称为点心。

刘禹锡长时间被贬谪，深入民间，对寒具非常熟悉。

他看到卖寒具的小贩，无论风雨飘摇，还是大雪纷飞，都要上街叫卖，不禁为之心酸、难受。

由于刘禹锡总吃寒具，对寒具的观察细致入微，竟然发现了它的美，生出了诗意。

苏东坡也有赞寒具的诗，其中有两句为——“纤手搓来玉色匀，碧油煎出嫩黄深。”

区区一种小吃，一个馓子，竟被名人大家写得如此令人沉醉，这可真是馓子的福分了。

扩展阅读

唐朝有一种昂贵的羹，名叫“李公羹”，是由宰相李德裕创制的。这是一道保健食品，用珍玉、珠宝、雄黄、朱砂、海贝煎出汁液，每杯羹费钱3万，极宝贵。

◎不能吃的下酒菜

在襄阳的竟陵，有一个年轻人，隐居在鹿门山。

他常做两件事，一是习书，一是饮酒。他给自己起了个名号——醉吟先生、醉士。

老酒微醺，花香微醺，他终日在醉意中度过。然而，意态虽醉，他却气骨犹存，志向高远。

这在颓靡的晚唐是很少见的。他就是文学家皮日休。

皮日休小时候就很聪明，长大后，更为明慧。无论写诗、写赋，都跳动着灵性，并透露着对时弊的抨击、对百姓的理解。

皮日休的作品，被誉为烂泥塘里的光彩。他刚满20岁，就名满天下了。

公元866年，皮日休32岁。州官再三推荐他，让他进京赶考。

皮日休遂离开了大山。

▼唐朝瓷酒壶，上有诗句

皮日休虽然大有才名，却耿直刚烈，不肯阿谀，不愿奉承，这让权贵们很不高兴。

在考试时，权贵们极力举荐逢迎者，对皮日休不加理睬。

皮日休落第，黯然离京。

他受到了极大的打击，情绪低落。回家后，很少出门，日夜诗酒相伴。

他把自己的200多篇作品集结成册。这些作品中，有很多名篇，在京城中被传唱。可是，他却听不到。

想到此间，他未免嗒然若丧，更多地沉浸于老酒中。

第二年，皮日休振作精神，带上作品集，再

◀唐朝白银酒杯，杯中有莲瓣，宛若燃起火焰

▲唐朝黄金酒杯，耀眼夺目

次入京。

他把集子赠送给主考人士，然后，参加考试。

他很幸运，这一次，他遇到的主考官是郑愚。郑愚为吏部侍郎，好读好文，在看了皮日休的诗文后深觉不同凡响。

不等发榜，郑愚就把皮日休请来面谈。

郑愚原以为，皮日休诗文出众，人也应该清秀。然而，让他吃惊的是，皮日休甚丑，左眼角下塌，远望之，好像只有一只眼睛。

郑愚半真半假地说："你虽才高，却仅有一个'日'啊。"

"日"，是指皮日休的名字，也暗指他的"独眼"。

皮日休听了，从容答道："侍郎不要因一个'日'，而废掉两个'日'。"

意思是，不要因他的一只眼睛，而使郑愚的两只眼睛丧失了眼力。

皮日休的对答，机巧灵活，暗含讥诮，使郑愚的戏弄未能得逞。

郑愚有些不悦，把皮日休的榜名，拉到了最后。

虽是榜末及第，皮日休还是激动不已，感觉多年的枯

▲《韩熙载夜宴图》中，饭桌与今日相仿

▲《韩熙载夜宴图》中，侍女端举的酒壶能够温酒

▲《韩熙载夜宴图》中的文士聚饮

守，为的就是这一天。

根据古制，朝廷要在曲江设宴，邀请及第进士吃喝，既作为祝贺，也为选拔人才，使其忠心耿耿。

这个传统，至皮日休时，已经延续了170多年。

皮日休抱着自己的诗文集，很早就来到曲江的杏园。其他新科进士也都兴高采烈地赶来了。

一大群人聚在一起，选出两个容貌姣美者，作为探花使，去园中寻找最名贵的花枝。若未寻到，便要罚酒。

皮日休长得难看，没有机会被罚酒。当然，他也不等被罚，便开怀畅饮起来。

曲江宴上，饮食繁多，水路八珍，举目皆是，仅奇异者，就有58种。皮日休转眼就喝得迷迷糊糊了。

唐朝制度宽容，允许商贩在宴会期间做生意。于是，便形成这样一种场面：这边是进士们把酒言欢，那边是商贩们热闹吆喝。

烟火缭绕，香气四溢，人声鼎沸。皮日休的心也醉了。他竟然身子一歪，头枕集子，躺在花树下酣然睡去了。

当他醒来时，他发现了一道最美的下酒菜——诗。

进士们或坐或立，都在吟诗。有的凝视如玉花瓣，有的远望点点樱桃，不时地对饮，或者独酌。

以诗下酒，在周朝时，就是宴飨的一部分。《左传》中，有35次提到诗，大多是在宴会上所赋的。

赋诗，是饮酒礼的一个环节。在礼乐制度中，乐，就包含赋诗。

在酒席上赋诗，能观志，能讽谏，能抒情，能

◀《太白醉吟图》中大醉而归的唐朝诗人

感怀，构成了一种委婉的文化形式。

唐朝时，酒文化更汹涌。在《全唐诗》中，有5113个“酒”字，有上万首与酒有关的诗。

王绩的122首诗中，有28个“酒”字；贺知章的18首诗中，有3个“酒”字；李白的975首诗中，有120个“酒”字；杜甫的1466首诗中，有160个“酒”字……

诗与酒的结合，在唐朝达到了巅峰。

对于皮日休等唐朝人来说，诗虽然中看不中吃，却堪称最美、最雅致的下酒菜。

不过，此时的皮日休，不光惦记着诗酒了，还想着如何为政。

不久，他上了一道奏疏，请求把《孟子》作为学习科目。

他说，圣人的道理，没有能超过经书的；经书最好，史书次之，诸子文章最次；因此，可废除《庄子》等书，专读《孟子》。

皮日休的观点有些偏颇，未被接受，引起了争议。

皮日休见天下动荡，百姓不安，便又提出了一些施政措施，但朝廷压根不重视。

皮日休眼见自己难有作为，不禁心灰意冷，备感失落。

公元875年，朝廷愈加腐败，山东人黄巢举兵起义。皮日休似乎看到了一丝希望，毅然参加了义军。

五年后，义军攻下都城长安，黄巢称帝，任命皮日休为翰林学士。

皮日休刚刚上任，黄巢就让他作诗，宣扬自己是皇权天授。

皮日休写了一首五言诗。由于是古诗，且为诗谜，黄巢没看懂，当下就变了脸。

黄巢长得也不好看，五官丑陋，头发稀少。他觉得，皮日休是在用诗羞辱他的容貌。于是，他不容分说，命人推出皮日休，将其杀害了。

扩展阅读

“浑羊殁忽”为盛唐名菜，制作时，有多少人赴宴，便杀多少鹅。把肉和糯米饭调味后，装入鹅腔；再把鹅缝入羊腹，烧烤；熟后，只吃鹅，不吃羊，羊仅充当炊具。

◎那一碗水丹青

五代时，有个爱写艳词的人，名叫和凝。和凝重情，也重义。

贺瑰是郓州节度使，与和凝同乡，聘和凝入职，颇为厚待。

和凝到了郓州府，当了从事。这时，胡柳陂（今山东境内）发生战事，贺瑰参战。和凝也加入了战斗队伍。

贺瑰军队受到夹击，很快溃败了。贺瑰冲出重围，飞马逃走，但追兵不绝，尾随而至。

一路上，贺瑰的士兵不断溜走。至濮州时，贺瑰身边竟然只剩下和凝一个人！

和凝善于弄墨，并不善于打仗，但他还是尽力向追兵射箭。结果，竟然射中了领头的敌兵。

敌兵停下来，贺瑰趁机飞逃，免于一死。

和凝的重义，并不仅在于此。当贺瑰病逝后，和凝又照顾起贺瑰的孩子。

公元923年4月，李存勖做了皇帝。第二年春天，和凝到朝廷任职。

和凝在翰林院，负责编撰诗集。一日，他将旧作录在诗卷上，蓦地想起动荡的往昔，不禁思绪万端，凄然有感，写下了诗句。

这一时期，和凝的诗词虽然婉约，但增添了凄怆和沧桑的气息。

和凝的诗词，多写情事，流传很广，就连契丹人都爱不释手，称他为“曲子相公”。但和凝对自己要求很高，总觉得作品幼稚，不够精致，烧掉了很多，实为文学史上的大损失。

和凝爱好风花雪月，但他并不是绣花枕头，而是颇通时务，甚至有科学研究成果。

公元928年，和凝被任命为刑部员外郎。担任了刑事官员后，他经常处理难决的命案，分析复杂的案情，对法医学有了精深的研究。

由此，他与儿子一起编撰了《疑狱集》一书。

这是世界上第一部法医学专著，今天依旧有着重要的参考借鉴价值。和凝也成为历史上第一个法医学家。

此后，和凝又负责贡举之事。

以往，几乎每一次科举考试，都有一些不公正。因此，在放榜时，朝廷总要用荆棘封门，以防落榜者闹腾。

和凝觉得，这对落榜者不够尊重。

于是，他进行了改革，公正地进行科考。等到公布成绩时，他也不用荆棘，而是大门洞开。

结果，整整一天，不仅没有闹事者，连喧哗声都没有，门前寂静安然。

时人惊异不已，赞叹不绝。

和凝任宰相时，还平定了一起谋反事件，谋反的主角是安从进。

安从进一心想当皇帝。他凭借长江天险，拉帮结派，把一些亡命之徒招揽过去，就连过往的商旅，都被截留，充当军卒。有两位将领劝说安从进，安从进不听，将二人推下海崖。

公元941年，皇帝想要北伐。和凝对皇帝说，皇帝若离宫，安从进必反。

皇帝问如何是好。

和凝提出，可事先做好战备。

皇帝便在战略要地秘密安排了军兵，之后，才离宫北伐。

11月，天气阴晦，安从进果然出兵了。但因和凝早有准备，军马强盛，安从进很快被击溃，只剩下几十骑，仓惶地逃回襄阳。

大军和150艘战舰继续追击，围困襄阳。粮尽后，安从进自焚。

叛乱平息后，朝廷一片安谧。和凝又气定神闲地喝起了茶。

和凝一向嗜好饮茶，常与朝廷官员聚在一块，“以茶相饮”，谁沏的茶味道不好，就要受罚。

慢慢地，这种活动，被固定下来，称为“汤社”。

◀墓室壁画中制茶的小童，脚旁还有两只打闹的老鼠

汤社的问世，开了宋朝斗茶的先河。

另外，一些官吏权贵为讨皇帝欢心，在进贡茶叶前，总要先比试一下茶的好坏，这也促进了斗茶之风的流行。

◀墓室壁画中，左边小童正在研磨茶叶

那么，什么是斗茶呢？

斗茶，就是指比试点茶的技艺。

点茶，就是一种煮茶的方法。

宋朝时，无论是帝王，还是贩夫，都好点茶。

◀墓室壁画中的备茶图

点茶时，先把茶饼碾成末；然后用小罗筛，把细末放入茶盏；再把茶盏加热，加很少的水，把茶与水弄成膏。

当茶膏中注入沸水时，斗茶便开始了。

▲宋朝画家刘松年所绘《撵茶图》

斗茶时，一看汤色：若茶水的颜色为青白色，而不是黄白色，便是胜了；二看汤花：若很快泛起泡沫、水痕，便是输了，只有汤花细匀，久聚不散，紧紧“咬盏”，才是最好的。

沏茶时，因技艺不同，所形成的纹脉，亦有不同。这种技艺，叫分茶；形成的纹脉，叫水丹青。

水丹青，有禽兽，有虫鱼，有花草，有山水，有云雾，纤巧入画，须臾散灭，如梦如幻。

陆游为此特意作诗一首，说：“矮纸斜行闲作草，晴窗细乳戏分茶。”

到了明清时，茶以冲泡为主，叫沦茶，水丹青便很少见了。

而今的泡茶，多野蛮粗鲁，水丹青几乎绝迹。

扩展阅读

唐初，饮食粗糙豪放，狂吃滥饮，如李白“烹牛宰羊”“一饮三百杯”；中唐后，闲适高雅，细斟慢酌，如白居易“绿蚁新醅酒，红泥小火炉。晚来天欲雪，能饮一杯无”。

第七章

宋元多味

宋代是市井饮食文化的巅峰，食肆酒铺密布大街小巷，遮天蔽日。仅是杭州，饮食行业就占三分之二以上。“宋代服务员”的工作程序极为规范化，不仅提供“即时供应”，即快餐服务，还有大量外卖服务，皇帝都从食肆买东西吃。至辽、金、元，因游牧民族占统治地位，饮食更丰富多彩了。

◎宋朝的国宴大菜

赵祯仁孝、宽和，却又很深邃，无论喜怒，都只潜伏在心底，从不外露。

他41年的皇帝生涯，堪称成功。对大臣，他很宽厚；对百姓，他很体贴。他又知人善任，使得名臣名流，大量涌现。

在他的统治下，宋朝的繁华达到了巅峰，国安民定，科技进步，经济发展，还出现了世界上第一批纸币。

而赵祯自己的日子，却过得很单调，除了处理政务外，几乎没有任何爱好。偶然，他临摹一下王羲之的书法，也不过是寥寥的几笔。

即便女色美艳，他也很淡然。

他的心思，几乎全放到了国政上。若遇到水灾或旱灾，他便光着脚，站在大殿上自责，并在宫中，秘密祈祷。

历史上，有几个比较开放、宽容的时代，第一个是春秋战国，第二个就是宋朝。宋朝的开国皇帝认为，武官掌控军事，容易造反，便重文抑武，以文官治国，不准杀害

▶南宋石雕，上面的奉食者手捧食盒

▶南宋石雕，上面的奉食者手捧酒器

士大夫，不准鞭打，连辱骂都不行。这样一来，士大夫地位提高，真知灼见也多了。到了赵祯时，他把这个作风发扬得更好了。

▲宋朝壁画上的祈雨场景，反映了时人渴盼雨水以时、谷物丰收的愿望

对于罪犯，赵祯也很少实施死刑。他说，自己从没有用“死”字骂过人，也不敢滥用死刑。

他下令，死刑犯一定要反复重审，免得冤枉了他们；若有官吏错判，致人死罪，一生都不能升迁。

有了这道圣旨，每一年，都有1000多个死刑犯被昭雪。

赵祯的宽厚，使朝中大臣敢于直谏、说实话。比如包拯，就屡次犯上直言。

赵祯有个张贵妃，很受宠。张贵妃恳求赵祯，把自己的伯父提升为节度使。赵祯有些为难，不敢和大臣们说，怕被反对。张贵妃苦苦央求，赵祯便决定，豁出去了。

上朝后，他把此事通告给群臣，没想到，当时就炸了锅。

包拯带头反对，还带着唐介等七个言官，凑到跟前，跟他争论。

赵祯生了气，大声说：“节度使是个粗官，有什么可争的！”

唐介立刻抢白皇帝，说节度使不是粗官，太祖、太宗都当过节度使。

赵祯还想争取，便与包拯、唐介他们吵起来。

包拯据理力争，由于过于激烈，唾沫星子飞溅到了赵祯脸上。可包拯不在乎，还在继续说。

赵祯也不在乎，一边用衣袖擦脸，一边听，不时还几

▲宋朝酒壶，外套温碗；石雕上的酒器与它一模一样

句嘴。

君臣吵架结束后，包拯他们获胜。皇帝蔫头耷脑地回到后宫。

张贵妃迎过来，问结果如何。

赵祯一听，气急败坏地数落道："你就知道节度使、节度使，不知道世上还有个包拯吗！"

赵祯尽管生气，但并不为难包拯等人。这种纳谏的度量，不仅成全了千古流芳的包拯，还成就了一个清亮的王朝。

在赵祯一朝，不仅出现了包拯，还出现了范仲淹、王安石、欧阳修等千古风流人物。赵祯似一块磁石，把他们都吸引了过来。

大词人柳永也想入朝。他好不容易才通过了考试，见到了赵祯。

可是，赵祯却觉得，柳永若做官，肯定不如填词好，于是，把他给划掉了。

赵祯对柳永说："且去浅斟低唱吧，要这浮名干什么？"

从此柳永便说，自己是奉旨填词。

柳永的话，是讥讽赵祯举办了科考，却又说科考是浮名。

不过，赵祯并没有怪罪他，任由柳永继续填词，哪怕内容放肆，也不惩罚。

至于柳永，他也不埋怨赵祯，还希望赵祯年年都在，百姓年年都能看到赵祯的仪仗。

由于赵祯的宽宏，文士受到推崇，清俭之风也随之刮起来。而赵祯自己，也极尽简朴，几乎让人看不下去了。

一日，户部上书，请求开辟一个御花园。

赵祯连忙摇头，说："我承奉先帝的苑囿，还觉得太大了，要御花园做什么？"

不仅不建宫苑，他的衣食，也很俭朴。

上朝时，他穿着正式的官服。下朝后，便穿着浆洗过很多次的常服。

他的床帐、被褥，多用粗绸制作，也都半新不旧。

北宋的饮食文化，也很清简，“不贵异味”。也就是，不追求奇珍异馔，多吃面食、羊肉。就连国宴上的第一道大菜，也是羊肉。赵祯严遵祖宗家法，从不贪嘴。

一夜，赵祯感觉饿了，想吃烤羊肉。侍从一听，便让御厨去准备。赵祯连忙制止，不让去。

他说：“若去索要，恐怕厨子从此会滥杀生灵，以备不时之需。”

侍从只好罢了。赵祯便忍着饿，默默地睡觉去了。

不多久，朝廷因事设宴。赵祯入席后，定睛一瞧，案上有新鲜的螃蟹，红香诱人。

他问侍从，有多少只。侍从告诉他，有28只。

这需要28千钱，赵祯有些心疼。尽管是给他自己吃，他还是嫌贵，命人撤下了。

当时，国家安定，没有动乱，作为一个皇帝，寒简到了这个地步，实在不多见。

君臣和悦，天下和平，百姓啧啧赞叹道：“赵祯百事不会，却会做皇帝。”

这称得上是对皇帝的最高赞誉了。

公元1063年，赵祯病逝，享年54岁。

悲讯传来，朝野上下哭声一片。开封城内，店铺自动停业，巷子里，哀声不绝。就连乞丐，都自发地焚烧纸钱，祭奠追悼。

焚烧纸钱的烟雾，弥漫空中，竟然导致“天日无光”。

当一个大臣前往川蜀时，经过剑阁，看到这个偏僻的小山沟里，女人们也头戴孝帽，流泪追思赵祯。

▼宋朝墓室壁画上的捧盘仕女

讣告传送到辽国，辽国君主大吃一惊，冲过来，抓住使者之手，痛哭道："赵祯在世，宋辽42年未动兵戈。"

辽国百姓闻之，也都哭泣不止。

赵祯活着时，群臣曾五次上书，要给他加"仁"字尊号，赵祯都不同意。

赵祯驾崩后，再也阻止不了群臣给他加尊号了。由是，赵祯被称为宋仁宗。

宋仁宗作为一代明君，不仅受时人敬爱，也受后世称赞。

清朝时，乾隆皇帝感叹地说，自己最佩服的三个皇帝，除了爷爷康熙之外，便只有唐太宗、宋仁宗了。

扩展阅读

苏东坡好吃，自称"饕餮"。他说，煮老鸡时，加入山里果或白梅，味儿最好。其实，除了山楂和梅外，宋朝人还用葡萄、石榴、苹果、梨、樱桃、橙、柠檬、菠萝等调味。

◎谁在吃野饭

林洪，是宋朝的著名词人。因在朝为官，时常出入宫中，写了很多宫中琐事，极为细腻，有意趣。

他很喜欢唐朝诗人王建，总是阅读王建的诗作。一日，他研究王建的《宫词一百首》，心中蓦地一动，想道，自己也可以写出百首啊。

于是，他埋头创作，当真写出了《宫词百首》，引起轰动。

林洪是个文官，追求质朴，向往自然、野趣。平时吃饭，他也很简朴。他最爱吃的东西，并不是鱼肉，而是“野饭”。

野饭，就是用山里的动植物制作的饭菜。

比如，山里长着地黄，开着紫红色毛茸茸的花，既好看，块茎又能入药。把地黄捣成汁，然后和面，切成面片，煮食后，不仅有清新之气，还能驱除体内寄生虫。

林洪对野饭的喜爱，也含有养生意识。

他觉得野饭对身体有好处，便撰写了《山家清供》，记录了许多有雅趣的野饭。

酥琼叶：把琼树的叶子摘下来蒸成饼；把饼切成薄片，涂上蜂蜜或油，用火烤；熟后放纸上散掉热气，食之松脆，能止痰，促消化。

苍耳饭：苍耳是一种有毒的植物，但苍耳的嫩叶很好吃；将嫩叶洗净，加入姜、盐、苦酒，凉拌；或者，加入米粉，制成干粮，食后，可治风疾。

槐叶淘：盛夏，摘槐树高枝上的树叶，捣汁，和面，制成面条；煮熟后，把面条浸

▼三足火盆，铜制

▲炭火可做饭，也可取暖，图中女子在拨弄炭火，使其更旺

入冷水；捞出后，浇上酱、醋，这便是冷面了，清香爽口，齿冷于雪。

蟹酿橙：摘黄熟的橙子，切去顶，剜掉肉，只留一些橙汁；取蟹肉，放入橙里；把顶盖上，用酒醋水蒸；熟后，加醋、盐；吃起来，有酒、菊、橙、蟹的味儿。

林洪在野游时，还吃了一次“涮锅子”。

当时，他去武夷山，访问隐士。在山野中，他碰巧捉到一只野兔。他拎着兔子去见隐者，准备下酒。

隐者清寂，并无厨师。他们便自己动手，把兔肉切成薄片，用酒、酱、胡椒腌渍；然后，烧半锅沸水，把肉片放到水里，烫熟了吃。

这种吃法，与今天的火锅差不多。

他们吃得兴起，面对一山清月，都喝醉了。

事后，林洪写道，自己在睡梦中，还回忆着那“山中味”。

他记录下这种吃法，并为之起名——拨霞供（涮兔肉）。

他又在书中写道，兔肉可以这样吃，猪肉羊肉也可以。

可见，宋朝已经有了涮羊肉。

扩展阅读

宋朝的商业文化达到高峰，饮食服务程序规范化；门面讲究，有大厅，有雅室（类似今天的包间）；酒楼中，还有女子几百人，在楼上呼唤酒客，“望之宛若神仙”。

◎宋朝的快餐、外卖

刘子翚30岁时，突然接到一个噩耗：父亲死了。

时值国家飘摇，皇帝被金国人俘虏，他父亲出使金营，与金人谈判。金人试图诱降，他父亲不干，为保气节，自杀身亡。

刘子翚十分悲愤，痛不欲生，几乎失去了活着的欲望。

他勉强支撑，与兄长扶柩归乡，将父亲安葬。

在墓边，他守候了三年。三年后，他被朝廷任命为兴化军通判。

一年，边境发生战乱。刘子翚与将领积极谋划、备战，平息乱象。此后，无人再敢侵扰。

朝廷听说后，想把他调到一个要职上。但是，由于他在守墓时哀思过度，饮食少进，已经伤害了身体，难以就职。

刘子翚原本对世事就很淡泊，现在，索性辞了官，归隐武夷山。

他仍旧不能忘怀父亲之死，常前往墓地，涕泗横流，呜咽不语，徘徊不去。

妻子病逝后，他愈加悲凄。他没有儿子，但是他也没了再娶之心。

他除了讲学传道外，便是侍奉继母，教育侄子，超然物外。

高僧宗杲称他："财色功名，一刀两断。立地成佛，须是这汉。"可谓字字铿锵。

刘子翚有个朋友，名叫朱松。公元1143年，朱松患病，自觉不保。他把儿子朱熹叫来，告诉儿子，刘子翚是他挚友，学问渊深，他很敬畏，现在，他就要死了，朱熹

▼宋朝银碟，碟心有樱桃纹，碟底有"张四郎"字样，说明临安各行业都很繁华

可去找刘子翚，把刘子翚当作父亲，听刘子翚的话，这样他就可以瞑目，没有遗憾了。

朱熹含泪应允，在安葬父亲后，前往刘子翚处。

刘子翚听到好友已逝，深为伤痛，便用心照顾朱熹。

作为文学家，刘子翚的诗作极有造诣。诗风清爽明秀，不陈旧，不古板。作为理学家，他沾染的古旧习气也最少，从不摆出“讲义语录”的面孔。

他口传心授地感染朱熹。为了让朱熹成为一个外表不露、道德内蓄的人，他花了很多心血。

而朱熹也不负所望，最终成为了名传千古的理学大师。

不过，刘子翚虽然隐居乡村，但他的爱国思想并未消失。夜里，他时常无眠，想着国家命运，忧心忡忡。

此时，父亲死去很久了，皇帝也被掳走很久了，残存的朝廷南迁到了杭州。但他没有一刻能忘掉故都。他时时想起，时时感愤，时时伤心。

往事如昨，衣襟尽湿，他擦干泪痕，提笔写下了20首诗，收入《汴京纪事》。

▼古代刻本上的宋朝临安（杭州）夜市

汴京，就是都城开封。前7首诗，写的是开封的沦陷；后13首诗，写的是开封昔日的繁华。

这无疑是一部“诗史”，展现了一段令人泪下的过去。

他写道：“梁园歌舞足风流，美酒如刀解断愁。忆得少年多乐事，夜深灯火上樊楼。”

樊楼，是开封有名的酒楼。开封有72座大酒楼，称为“七十二正店”，樊楼是其中的一座，连皇帝都微服前往。

刘子翚想起当年盛况，留恋不

已，无尽苍凉。

其实，朝廷搬到杭州后，把杭州作为都城，称为临安，也非常繁华。

临安周围70里的范围内，有124万人口，为当时中国最大的商业都会。食品店铺密集，在所有行业中，饮食占2/3以上，菜品有700多种，烹调技法有15种以上，食品雕刻花样繁多。

大彩楼一个挨着一个，酒幌子遮天蔽日，一眨眼，就能错过几家。

中等食铺更多，有曹婆肉饼、薛家羊饭、梅家鹅鸭、郑家油饼、王家乳酪等。

小吃店比比皆是，几乎每个犄角旮旯都有，都是家常菜，如虾鱼、粉羹、鱼面等。

还有更小的门面，只卖一两样饮食，或包子，或煎鱼，或鸭子，或炒鸡兔，或梅汁，或血羹等。一份不过15钱，可一边走，一边吃。

还有更简单的叫卖，肩挑手提，走街窜巷，四处吆喝。也有人摆个小摊卖。这一类，叫“杂嚼”，属大众化经营。

宋朝的市井文化发达，饮食服务有了更细的分类，出现了“及时供应”，即快餐服务。还有许多外卖。

皇帝也向往小吃，不仅从街上打酒，还常买李婆婆杂菜羹、贺四酪面、戈家甜食等。

后宫妃嫔也颇有食欲，在告知宫女后，宫女会叫来皇院子（杂役），到集上去买。

可是，无论临安多么繁华，刘子翚都不开心，沦陷之痛都不能开释。尤其得知皇帝还在花天酒地时，就更加悲戚了，更是不肯踏出山

▲南宋砖雕，女子在洗碗

▲南宋砖雕，女子在剖鱼

村一步。

他仿佛与红尘断绝了，每日只与清风明月相对。

刘子翚47岁时，一日，他感觉有些不舒适，料到大限已至。

他支撑病体，去见继母，流泪诀别。

两天后，他撒手而去，悄然无声。

扩展阅读

宋朝时，有徽商的地方，就有徽菜馆。徽商在京城做生意，思念家乡的笋，便让人从老家挖笋，装船后，放入炭火砂锅煮炖。船到笋熟，开锅就吃，人称“问政山笋”。

◎筷子的枕头

朱熹长得不好看，右眼角旁有几粒黑痣，仿佛北斗七星。可是，他很可爱，聪慧而且好学。

朱熹五岁时，就能读懂《孝经》了。他还懂得了思考，认认真真地在书上写下了这样一行字："若不如此，便不成人！"

朱熹六岁时，想象力已十分惊人，到了无边无际的地步。

一日，他父亲朱松指着太阳说："这是日。"

他问道："日附着在什么上面？"

父亲答："天。"

他眨了眨眼，问："天附在什么上？"

父亲听闻此言，大为震动，继而又惊又喜，更加用心教育他了。

朱熹十岁时，每天都攻读孔子、孟子等人的著作。他最喜欢孟子，觉得孟子的话，句句都说到了他心里，让他"喜不可言"。

他发誓，自己长大后也要做个圣人。

父亲逝后，朱熹被托付给刘子翚、刘子羽、刘勉之等人。这些人，都是当时的大学者。在他们的教育下，朱熹的学问愈发精进。

19岁那年，朱熹参加科考，中进士，步入了仕途。

虽然当了官，朱熹却从未放弃过学习。这种精神，为他日后成为理学大师打下了基础。

有一年，朱熹前往泉州，出任同安县丞。半路上，在莆田，他遇到了郑樵。

郑樵招待了朱熹，但桌上只有一碟姜，一碟盐。

朱熹的书童一见，噘着嘴，很生气。

▼理学家朱熹的图像

朱熹却很愉快，取出一手稿，请郑樵指正。

郑樵将纸放在桌上，起来燃香。山风吹入，把纸页掀开，郑樵拿眼看着，动也不动。

风过后，郑樵慢慢转身，把手稿还给朱熹。

此后，他们促膝而谈，三天三夜，意犹未尽。

朱熹感激不已，真诚地致谢。

朱熹告辞后，书童终于把不满发泄出来，说郑樵那个老头子算不得贤人，反倒很无礼，一点酒菜都不给吃，就摆出一碟姜、一碟盐，亏他不觉得寒碜。

▼宋朝画家苏汉臣所绘童子图，童子身后有弯足桌，桌上有食盘

朱熹笑着告诉书童，盐是海里有的，姜是山里有的；如此尽山尽海，正是大礼啊！更何况，他还焚香看稿，这是很大的尊重。

朱熹到任后，体恤贫民，铲除奸吏，推行礼义，使得风气淳朴，安定和煦。

时值金兵入侵之际，他又主张抗金，但未被朝廷采纳。

无论何时何地，朱熹都没放弃研习学问。公元1169年，他创立了自己的学说，成为学术史上具有划时代意义的大事件。

当他母亲去世后，他辞去官职，为母守墓，并在孤寂中，开始了长达六年的著述生涯。

在他庞大的理学系统中，他探讨了几乎一切义理，甚至连怎么吃饭都涉及了。

他写道，作为一个绅士，应该用右手吃饭；拿匙时，一定要放下箸，拿箸时，一定要放下匙；若一手拿匙、一手拿箸，便是失礼，不文明。

匙，就是今天的羹匙、勺，先秦时，也称“匕”。

箸，就是今天的筷子。

筷子的历史，非常漫长、曲折。

在6000多年前，古人的脑袋里，还想不出筷子的模样。他们对于不便用手拿的食物，只用一根木棍去叉——犹如烤肉串，或者，用小树枝去挑、拨等。

用一根木棍当助食器的方法，一直延续了3000多年。之后，不知哪一个原始人聪明起来，开始用两根木棍。这样，就能夹住食物了。

▲从宋朝沉船上打捞出来的酒壶，精美绝伦

用两根木棍吃饭，又经历了3000多年。古人终于觉得，木棍不太好用。

原因是，粒食、热食等食物增多了，但木棍却有长有短，有粗有细，每次使用，都要费很大劲儿，还不一定能夹起来。

于是，古人开始改造木棍，使其整齐、合手，并创造出了“梜”字。

到了汉朝时，“箸”这个名字，被固定下来；箸的模样，也已规范，都长20~30厘米。

到了朱熹所生活的宋朝，箸的形制——上方下圆，已成定制，还出现了“止箸”。

止箸，就是今天的“筷枕”，仿佛筷子的枕头。当宋朝的绅士们吃饭时，每次拿匙，都要把箸放到止箸上，非常卫生。

朱熹的这些论述，得到了时人的认可。这也使古代饮食文化更加规范化了。

不过，朱熹的身体很不好。公元1199年，他已经病得十分衰弱。

他预感到，死亡离自己不远了，于是，更加珍惜时间写作。

隔年，刚一入春，他的足疾愈发严重，几乎要匍匐着才能行走。

一个道士前来为他治病，施行了针灸。他感觉，腿脚似乎轻便了些，便重金以酬，还赠诗一首。

岂料，几日后，足疾更加恶化。朱熹见状，急忙派人去追道士。

他并不是想惩罚道士，而是想追回那首赠诗，免得道士拿它去招摇撞骗，更多地误人病情。

然而，道士早已逃得无影无踪。

朱熹的左眼也瞎了，右眼只能看到些许微光，但他还想把自己的思想写出来，留给后世。由于过于辛苦，刚到3月，他便撒手离世了。

听闻朱熹离世，天下震动，数不清的人从各处赶来，把墓地挤得水泄不通。

朱熹逝后，他的理学思想绵延不绝，深远地影响着古代社会。不过，关于箸的理论，探讨的人却不多了。

当然，箸所受到的重视，并未减少。

明朝时，箸还被改称为“筷”。

当时，在江浙一带，人口密集，仅是船工、纤夫，就有几十万人。他们工作艰苦，每次开船，都盼望着快点儿行驶，以便快点儿完活。有一次吃饭，有人无意间说到箸，大家都觉得不吉利，因为“箸”与“住”同音，而“住”是停的意思，是不快的意思。于是，他们便不再说“箸”，而是说“快”。

▶宋朝餐具彩绘图雕

由此，箸被称为了快。

起初，上流社会不愿改，奈何叫“快”的人多，最后，还是认同了，只不过，在“快”字上加了个竹字头，成了“筷”。

这样一来，筷与箸，就像来自一个家族里，上流社会接受起来容易多了。

在明朝文献中，也终于出现了“筷”这个字。

筷子，是粒食文化发展的结果。它能挑，能取，能分，能搅，能剥，能拆，能捞，能撕，能卷等，灵活好用，不亚于人的手，不亚于鸟的喙。

可以说，筷子是手指的延伸。

使用筷子时，要牵动人的30多处关节、50多处肌肉、万条神经，促进了智力的发展。

手能做到的，筷子都能做到；手不能直接做到的，筷子也能做到。筷子的平衡性、协调性、准确性等，还能影响人的性格修养。

这种影响，是潜移默化的，不知不觉的，润物细无声的。

中国人之所以安分斯文、循规蹈矩、审慎拘谨，大约也与此有关吧。

扩展阅读

古人认为，饮食的滋味与主持宴会的人有关。若心情不好，饮食就会显得无味；若心情愉悦，饮食就会显得好吃。这说明，古人对精神与饮食的影响，有了一定认识。

◎古人设计的碗

公元1125年10月17日，在浩渺的淮河上，一艘船上传出了啼哭声。

这是一个新生的男孩儿，因诞生于流水之上，被取名为——陆游。

这是一个如雷贯耳的名字，然而，名声背后却是一段曲折的人生。

陆游出身于名门望族，高祖、祖父、父亲皆为高官名士，气节卓然，母亲则为宰相孙女。

一家子权贵，却并未给陆游带来安宁的生活。

陆游生不逢时。当时，金兵攻打宋朝，北宋灭亡，父亲带他逃难，奔回老家山阴。

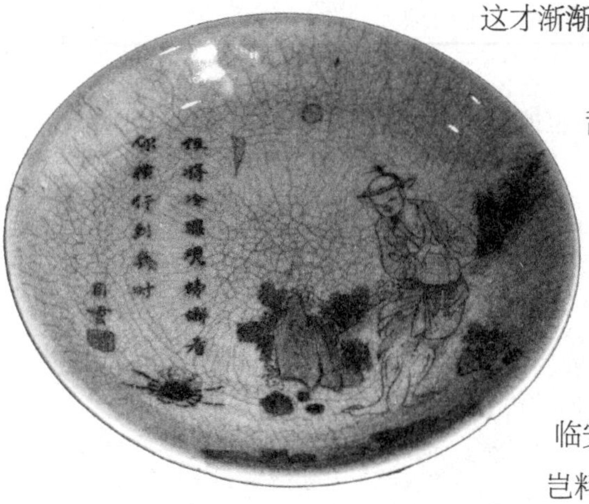

▼古代餐盘，画有农夫观螃蟹场景，题字为：但将冷眼观螃蟹，看你横行到几时

陆游四岁时，金兵攻势凶猛，父亲又带他逃奔东阳。这才渐渐安定。

北宋亡后，南宋创立，两宋之交的混乱、矛盾、不幸与流离，深深地印刻在陆游的心里，影响了他的一生。

父亲为陆游请来名师，教他学习。他刻苦认真，12岁时，就能作出惊人的诗文了。

公元1153年，陆游前往南宋的都城临安（今杭州），参加考试，名列第一。

岂料，当时的宰相秦桧知道后，勃然大怒，因为秦桧想让自己的孙子位居第一。

第二年，当陆游参加礼部考试时，秦桧告诉主考官，不得录取陆游。

这下子，陆游成了秦桧的眼中钉，在长达五年的时间里，都闲居在家。

五年后，秦桧病逝，陆游终于踏上了仕途，入朝任职。

陆游忠厚正直，他见皇帝沉溺珍玩，认为有亏圣德，便建议皇帝，要严于律己。

皇帝没吭声。

陆游又注意到，杨存中掌控禁军太久，军权太大，武威太盛，对朝廷不利，便又建议皇帝罢免杨存中。

皇帝答应了。

陆游被升任为大理寺卿，负责司法工作。接着，又进入枢密院，担任编修官。

▲白玉酒杯，杯壁上刻有文字

眼见金兵猖獗，国土大片沦丧，陆游心急如焚，夜不能寐。

他向皇帝提出，要整顿军纪，振作士气，以北伐金兵，夺回中原。

他上疏时，皇帝正在宫中行乐，压根没在意。

▲玉碗薄壁，可清晰看到上面雕刻的佛像

陆游便告诉大臣张焘。张焘一听，也急了，赶忙入宫，质问皇帝。

皇帝恼羞成怒，把陆游罢了官，任镇江府通判。

虽然遭到贬谪，陆游还惦记着如何恢复中原。他时刻都梦想着，能够出师北伐，重回中原。

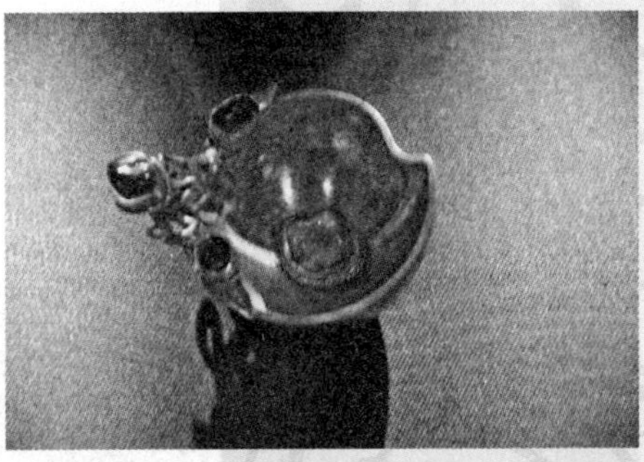

▲桃形金杯，镶嵌宝石，可盛酒，或盛水

公元1164年春，陆游对张焘说，临安挨着大海，运粮不便，容易受到突袭，皇帝以临安为都城，只能是暂时的，还是应该兴兵北上，占据中原。

张焘也想抗击金兵，便又奏报给了皇帝。

皇帝不想打仗，听了此话，火冒三丈，又把陆游贬谪了。

第二年，与陆游不睦的人，向皇帝造谣，说陆游背地里说三道四，搬弄是非，撺掇将领出兵，居心叵测。

皇帝震怒，干脆把陆游的官职一撸到底。

陆游成了闲人，怅然而叹。

归家后，陆游很少出门，除了读书，便是写诗。他吃穿随意，睡觉也随心所欲，有时日上三竿才起。

一日，友人张叔潜被召入朝，陆游去送他，给他写了一首诗。

诗中有这样几句:“芒屩年来渐懒穿，闭门日日只高眠。今朝出送张夫子，借得南邻放鸭船。”

这几句诗，表明了陆游的赋闲状态和心境，几许闲适，几许悠然，几许无奈，几许惆怅。

此诗，并未随着陆游的沉寂而湮没，反而流传于世，不仅被今人再三引用，也被古人再三借用。

古人把诗句用到文章里、绘画中、匾额上，甚至还用到了餐具上。

宋朝饮食文化繁荣，餐具也格外讲究。许多餐具，都是根据菜肴的特点设计的。

有一种菜，叫“带子上朝”，用一只鸭子、一只鸽子做成。为了盛它，古人专门设计出一种盘子，为鸭子、鸽子连在一起的形状。

还有一种菜，叫“金银鱼”，用一黄一白两条鱼做成。为了盛它，古人设计出的餐具，也是两条鱼的形状，而且，

▼带盖金托盘玉碗，上饰龙纹，皇家所用

▶提梁卣、瓶，玉制的酒器

半边黄，半边白。

为了拥有文化气息，古人还在餐具上绘下诗句。

有一种碗，形如鸭池，可盛汤。在鸭池碗上，便绘有陆游的诗句——“借得南邻放鸭船”。这样一来，既对应了碗的形状，又有了文化韵味。

古人设计的碗中，还有琵琶形的、桃形的。

琵琶形碗上，有诗句——“碧纱待月春调瑟，红袖添香夜读书”。

桃形碗上，有诗句——“万选青钱唐学士，三春红杏宋尚书”。

食物、餐具、诗句，三者紧紧呼应，紧紧结合，紧紧相扣，显示出了饮食文化的细致、雅趣。

扩展阅读

宋朝前，厨师多为男性，入宋后，女性不受歧视，便出现了职业女厨师。有个宋姓女子，先是卖鱼羹，后被官府聘请去。她的厨技，被后人整理成册，为《宋氏养生部》。

◎采蘑菇的先生

公元1212年，在浙江仙居城的南黄村，一个男婴诞生了。父亲为他取名陈仁玉。

这是一个普通的名字，没人会想到，它将名垂青史。

陈仁玉的家，颇有名望，祖父、父亲都是武进士，母亲为皇后的姑姑，伯父也为武状元。

身为皇亲国戚，陈仁玉却不骄奢，不淫逸，若清风一缕。

与其他权贵子弟相比，他显得很另类，甚至不合群。

当别人都出去游玩时，陈仁玉清静自守，不是习《春秋》，就是攻经史，或是翻阅天文地理诸籍。一有心得，他马上写下来，细细琢磨。

很多人都赞他聪颖过人，他却觉得，这都是勤学所得，

▶古代画作上的蘑菇、茄子

并非天赋。

他爱读诗，也爱写诗，每见青山碧水，就忍不住诗兴大发。

他的诗歌，亦如山水，清新自然。因他对佛道很尊崇，诗歌还显得飘逸脱尘。

他也练习书法，字迹端庄而秀丽，规整而飞扬。皇帝颇为赏识，在修建隐真宫时，让他写了石碑铭记。

陈仁玉是一个认真的旅行者，每游历一个地方，都要写下游记。公元1243年秋天，他把88篇游记整理出来，辑成《游志篇》。

这是历史上第一本关于旅行的文献集，具有文史价值。

陈仁玉所居住的仙居城，丛林深密，气候温润，盛产蘑菇，每年都要向皇宫进贡很多。而皇后在几十年中都深爱山蘑。至于百姓，对这种随便采摘、不需花钱的美食，更是爱不释手，采摘者甚多。

陈仁玉注意到这个现象后，心想，蘑菇既好看又好吃，但很多都有毒，因此，辨识蘑菇很有必要。

为此，他决定写一本关于菌类的书，介绍蘑菇的栖息地、性味、形状、花色、生长情况等。

决心已定，他开始入山采蘑菇，了解蘑菇生长的环境、温湿度、颜色等，并冒着生命危险品尝。

在深山老林里转悠了很久之后，他把考察结果记录下来，写成了《菌谱》。

书中囊括了11种食用菌，有合蕈、稠膏蕈、栗壳蕈、松蕈、竹蕈、麦蕈、玉蕈、黄蕈、紫蕈、四季蕈、鹅膏蕈。

对于蘑菇的食法、味道，他也作了介绍。

书后还有附录，体贴地写着：如果不幸中毒，那么可以把苦茗、白矾用水溶解，喝下解毒。

《菌谱》是世界上第一本食用菌专著，还开了菌类植物学的先河。

▼宋朝青瓷酒樽，上有野花纹

不过，对于陈仁玉来说，让他名扬于世的，却不是《菌谱》，而是他的气节。

公元1275年，太后下诏，命州郡降元。也就是说，宋朝投降元朝，宋朝就此灭亡。

听到这道圣旨时，陈仁玉已经辞官，寓居台州。他大吃一惊，悲愤痛楚。

太后是他的表姐，于亲情，于国法，他都应当听命。可是，他不愿放弃民族大义，不愿放弃一腔忠义，宁死也不想当亡国奴。

他仰望苍天，泪水纵横，当即决定：宁为玉碎，不为瓦全！

陈仁玉跑到台州府，与官员王珏商议。王珏义烈，和他一样，坚决不肯投降。

二人便招募义士，筑城修濠，以性命守城，抵抗元军。

然而，寡不敌众，元军涌来时，声势极其浩大，很快就破了城。

王珏宁死不降，拼命作战，力竭而死。

陈仁玉侥幸活下来，退隐到山间。

他拒绝为元朝做官。临死时，他还告诫子孙，世世代代都不准为元朝出仕。

扩展阅读

赞宁是宋朝的著名僧人，喜欢辩论，也喜欢吃笋，著有《笋谱》一书。这是历史上第一部竹笋专著，约一万字，记录了98种笋的名称、形态、特性、加工、贮藏方法等。

◎水边的头鱼宴

辽道宗有个小皇孙，叫耶律延禧，颇得道宗喜爱。

一日，辽道宗外出游猎，见皇孙只有四岁，实在太小，便想把他留在宫里。

有人提醒道，宫中的留守大臣势力雄厚，一直觊觎皇位，若留下皇孙恐不安全。

辽道宗一听，赶忙带上了耶律延禧，没想到真避开了一场暗杀。

耶律延禧逐渐长大，辽道宗专门挑选了六个勇士，严密地保护他。

耶律延禧26岁时，辽道宗去世，耶律延禧即位，被称为天祚皇帝。

像宝贝一样被保护的天祚皇帝，并不争气。他登基后，重用阿谀之臣，国政一塌糊涂，到处都是战乱。

辽朝几乎崩溃，但他依旧奢侈，贪玩贪吃。

公元1112年，刚刚开春，冰河开始融化，到了吃“头鱼宴”的日子，天祚皇帝立刻张罗起来。

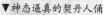

◀契丹人俑，捕猎归来

▼神态逼真的契丹人俑

头鱼宴是辽朝盛行的一种饮食文化。辽朝为游牧民族所创立，皇帝也要随着水草的变化四时迁徙。春天时，皇帝要在行宫议事，接见部落酋长等，设头鱼宴。

鱼、雁、天鹅等，都是游牧生活中的一部分，深受辽朝人喜爱。而准备头鱼宴，既能打牙祭，又能活动筋骨。

二月初十，天祚皇帝从内蒙古出发，一路浩浩荡荡，来到吉林的混同江。

混同江的地势，利于防守，若有反叛，便于镇压。天祚皇帝让4000多人都驻扎于此，沿江设帐。

▼辽朝地宫出土的木椅

稍事休整，天祚皇帝下令，在冰湖的十里范围内，凿开冰洞，把网下进去；然后，用几匹马拉动绞盘，把网拉近，以便取鱼。

一会儿，观察鱼群的人发现，鱼游过来了，便急忙跑去告诉皇帝。

天祚皇帝高兴地来到冰上，把绳钩放入冰眼，小心地钩鱼。

有鱼中了钩，拼命地挣扎，往远处游。等到没劲儿了，便不再动了。

天祚皇帝见绳子不剧烈摇动了，就把鱼拽了上来。

▼辽朝地宫出土的木桌

钩到的第一条鱼，就是头鱼。

无论是鳇鱼，还是鲟鱼，或是胖头鱼，只要是第一条被钓上来的，都是尊贵的，马上就被送入帐中烹制。

头鱼宴原是一种古老的祭礼，后来，有了政治意味——利用这个机会巡视监察北疆。但天祚皇帝不以为然，更重玩乐。

头鱼宴开始后，天祚皇帝分外高兴。他召集了附近的女真族酋长，众人一起畅饮，很快就有了醉意。

◀金朝墓室中的放牧图，显示出女真人的畜牧业很发达

▲辽朝墓室壁画上的备酒图

他迷迷糊糊，狂妄无羁，命女真酋长为他跳舞。

女真酋长们为示友好，一一跳了。唯有完颜阿骨打，说不会跳，拒绝了。

天祚皇帝不高兴，再三下旨让他跳。可他态度坚决，就是不跳。

头鱼宴结束后，完颜阿骨打脸色僵冷地离开了。

隔日，天祚皇帝召群臣议事，说起了完颜阿骨打。

一个大臣说："可寻个由头诛杀他，不然，此人将是辽朝大患。"

其他大臣反对，说他是个粗人，不懂礼仪，若杀了他，恐怕其他女真部落会多心，不愿归顺辽朝。

天祚皇帝想了想，放过了完颜阿骨打，还把他的弟弟、侄子等升官加爵。

一个多月后，又是头雁宴的日子了。

头雁宴，也叫头鹅宴，就是用海东青（鹰）捕捉大雁或天鹅。

天祚皇帝让侍从们都穿黑绿色衣，每人备链锤一柄、鹰食一器、刺锥一枚，准备捕雁。

侍从们围湖站立，每隔5~7米站一人，一见雁群飞来，立刻敲鼓，摇旗，飞马报信。

专门饲养海东青的人，飞快地把海东青递给皇帝。皇帝又赶紧把它放飞，去擒大雁。

▲渔猎画像砖，表现了古人捕猎鱼鸟的生活

海东青冲入雁群，紧咬一只大雁。双方激烈搏斗。最终，雁从空中栽落，坠到地上。

一个人跑过去，用刺锥将雁杀死，取出雁的脑子，喂给海东青吃。

天祚皇帝赏给此人银绢，然后，命人烹雁。

头雁宴是头鱼宴的一部分，吃过头雁宴，头鱼宴才算正式结束。

然而，就在天祚皇帝一味寻乐时，完颜阿骨打正在暗中筹谋。不久，完颜阿骨打自立为帝，创立金朝，然后带领女真人攻打辽朝。

完颜阿骨打兴兵的理由就是：头鱼宴上逼他跳舞。

其实，这只是表面的理由，真正的原因是，辽朝对女真部落索取太多，不顾女真人的死活。辽朝官员还命女真女子陪夜。女真人不堪屈辱，便愤然而起了。

天祚皇帝听说女真造反后，怒火冲天，不顾劝阻，亲率将士迎击，但很快就被打败了。

公元1125年，天祚皇帝经过沙漠，向西逃亡。一路上，无水无粮，饿了吃冰，渴了吞雪。

2月，他好不容易逃到山西，却被追兵赶上，一把擒了。

不久，女真人将他杀死，并让马群践踏，将尸体踩烂。

有意思的是，女真人以头鱼宴为名，攻打辽朝，而当辽朝消亡后，女真人创立的金朝却并未取缔头鱼宴，而是延续了这个饮食传统。

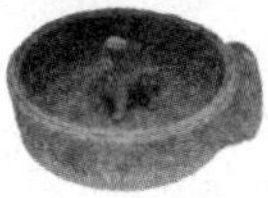

当金朝又被元朝灭掉后，也保留了头鱼宴。

此后，头鱼宴才逐渐稀少了，但并未彻底断绝。到了清朝，皇帝们又想起了它，它又风光起来。

这大概是少数民族对草野、对渔猎的一种怀念吧。

今天，在吉林，仍有一些地方，保存着吃头鱼的风俗。

扩展阅读

《金瓶梅》中，写了45种点心杂食、50多种菜肴；还有小菜，如糖蒜、五香瓜茄、豆芽拌海蜇等；在举办酒宴时，还从“饭局”里订餐，就跟现在的外卖订餐一样。

▲辽朝鸡冠壶，为游牧民族特有酒壶

▲辽朝银杯，有25瓣莲花

◎好喝的忽迷思

在伏尔加河畔，在苍茫的俄罗斯草原上，蒙古骑兵正在巡逻。

他们纵横驰骋，行动迅猛，宛如疾风。

在扬起的尘土中，他们蓦地发现，在荒芜的土坳里，有几个外国人。他们当即纵马冲过去。

这是1253年5月的一天，来者是几个法国人，领头的叫卢布鲁克。

卢布鲁克正在不毛之地上跋涉，猛地看到地平线上冒出几个蒙古骑兵，吓了一跳。

在那一刹那，他感觉，自己仿佛穿越时光隧道，进入了另一个世纪，另一个世界。

卢布鲁克是来访问蒙古首领的，但是，首领的营帐还很远，要走三天才能到。

蒙古兵让他安顿下来，等首领准备接见他时，再带他前往。

▼元朝墓室壁画，侍者正在奉茶

卢布鲁克只得听从安排，这一住，就是一个多月。

他每天都四处闲逛，与游牧民的接触多起来。他看到，蒙古男人几乎都梳着同一个发型：头顶剃光一小块，剩下的头发编成辫子，从两边下垂，至耳部。

他感觉很有趣，便写在了书里。

他对自己居住的毡帐，也很好奇，研究了好半天。

他得知，蒙古人没有固定的住处，冬天时，他们要迁徙到温暖的南方；

▲元朝人所制漆碗，至今仍流光四溢

夏天时，他们又迁回暖和的北方。迁徙时，毡帐就架在车上，犹如流动的村子。

卢布鲁克渐渐地感觉到，这里的生活很有意思。就在这时，蒙古骑兵来了，带他前往首领的大帐。

7月末，卢布鲁克渡过了伏尔加河，来到一个斡耳朵（大帐）里，见到了统帅拔都。

拔都坐在金色的高椅上，椅子像床一样大，在三级台阶之上。拔都的正妻，坐在旁边。

卢布鲁克告诉拔都，自己是圣方济各会会士，法国国王派他到此传教。

其实，卢布鲁克此行的真正目的，是刺探情报，以便拉拢蒙古，与法国结盟，一起东侵。

拔都觉得此事重大，不好决定，便告诉卢布鲁克，可前往大汗的宫廷，去见大汗蒙哥。

卢布鲁克再次上路了。

他过了乌拉尔河，踏上了像海一样辽阔的亚洲荒野。然后，又过伊犁河，来到阿尔泰山，千辛万苦地抵达了目的地。

第二年，1月4日，蒙哥正式接见他。

蒙哥的斡耳朵，豪华庄重，内壁都是金布，地上有个火炉，用树枝、苦艾草根、牛粪生着火。

蒙哥坐在小床上，穿着闪光的皮袍，问卢布鲁克，要喝什么。

蒙哥准备的酒中，有特拉辛纳——米酒，有忽迷思——马奶酒，有布勒——蜂蜜酒，这些都是蒙古人常饮的酒。

卢布鲁克在见拔都时，喝过了忽迷思，因此，他选择了特拉辛纳。

这种米酒，既清澈，又甜润，卢布鲁克觉得与法国白葡萄酒一样。

蒙哥叫人拿来几只猎鹰，放在拳头上，仔细观赏。然后，他才吩咐卢布鲁克："说吧。"

蒙哥的斡耳朵内，不仅有翻译，还有熟悉欧洲事务的人。蒙哥很快就明白了法国人的来意。

蒙哥不置可否，但却友好款待他们，让他们住了下来。

卢布鲁克往来于大汗宫廷，日日都有新发现，时时都有惊奇。

最让他惊讶的是，元朝宫廷里，竟然有一个匈牙利女子。她来到这里后，给大汗的妃子当侍女，并嫁给了一个俄罗斯木匠。俄罗斯木匠也受雇于大汗。

他还看到了一个巴黎人，在大汗宫中当金匠。

卢布鲁克对这里有些着迷了，每天都沉醉于这里的一点一滴，并认真地写了下来。

夏天到了，元朝人脱去毛皮衣，穿上了丝绸，并大规模地制作忽迷思。

▼明朝画家仇英所绘的少数民族毡帐，是一种较为华丽的"斡耳朵"

这种马奶酒的制作很有趣，卢布鲁克一看就是大半天，蹲在地上一动不动。

蒙古人先挤出大量的奶，新鲜的马奶十分淳甜；再把马奶倒入大皮囊中，用一根木头搅拌；木头是特制的，为空心，下端很粗，像大腿一样；然后，使劲儿拍打马奶，使马奶出现泡沫；在变酸、发酵后，继续搅拌；最后，就得到了奶油。

奶油有微微的辣味，喝起来，有点儿像葡萄酒。喝完后，舌头上有杏乳的味道。腹内很舒畅，利尿，但也容易醉。

不过，要想得到忽迷思，还要继续搅拌马奶。

当所有的混浊部分，像药渣一样沉到底部，上面是清纯的液体时，那便是忽迷思了。

忽迷思很昂贵，只有蒙古权贵才能喝到。

其实，忽迷思并不是元朝才有的，汉朝就有这种酒，只不过，那时叫马酒。

汉朝常和匈奴打仗，见到匈奴喝马奶制品，很感兴趣，也设置了机构，专门制作马奶酒，还有酸奶，即酸马奶。

到元朝时，蒙古铁骑席卷欧亚大陆，势大力强，但饮食结构并未大变，依旧钟情马奶。

蒙古人还用米和奶煮粥，称为“乳粥”。

这种时尚，也被卢布鲁克记录在册，都成为研究元朝饮食的珍贵资料。

▲元朝的玉壶春瓶，是一种银制的盛酒器

扩展阅读

除夕，古人要在子夜吃年夜饭，以免被打扰。除夕前几日，外出的人要赶回家；若不能回家，家人要给他留一个席位，摆上碗筷，象征团聚。这是中国极强的家庭观的表现。

◎出现“食物中毒”一词

公元1315年，忽思慧正在捣草药，忽然得到一个好消息——宫内有旨，任命他为饮膳太医。

他很高兴，下午，兴冲冲地去见了常普兰奚。

常普兰奚与他交好，这次入朝，就是常普兰奚的举荐。

常普兰奚的官职，是徽政院使，主要掌管太后宫中诸事。因此，忽思慧出仕后，也在太后宫中，侍奉太后汤药。

太后年事已高，身体衰弱。忽思慧认为，应从饮食入手。

在他看来，饮食对全身的作用非同小可，要想养生，就必须吃对了。比如，若是肝脏有病，就不能吃辛味的食物，而应吃粳米、牛肉、葵菜等。

▼元朝后宫捧食图

他的想法，与现代营养学暗合。

太后是忽必烈的孙媳妇，在忽必烈的时代，元朝宫廷就设了食医。蒙古人性情豪放，喜欢豪宴，因而，对食医与食官一向重视。忽必烈还挑选了四个人，专门掌管饮膳，进行补养、调护，每天用了什么米、什么药，都要做记录。

这种严明的制度，让太后印象深刻，因此，她接受了忽思慧的饮食疗法。

在忽思慧的调理下，太后有了些精神。

又过了六年，年迈的太后离开了人世。

太后驾崩后，忽思慧想到这些年的从医所得，多有成效，便决意编撰成书。

常普兰奚听说后，很支持他，帮他克服了种种困难。

忽思慧感动至极，更加埋头撰写了。

忽思慧有个偶像，那就是唐朝医药学家孙思邈。他反复分析孙思邈的思想，不断地揣摩、试验，领悟新的东西。

公元1330年，忽思慧的《饮膳正要》问世了。

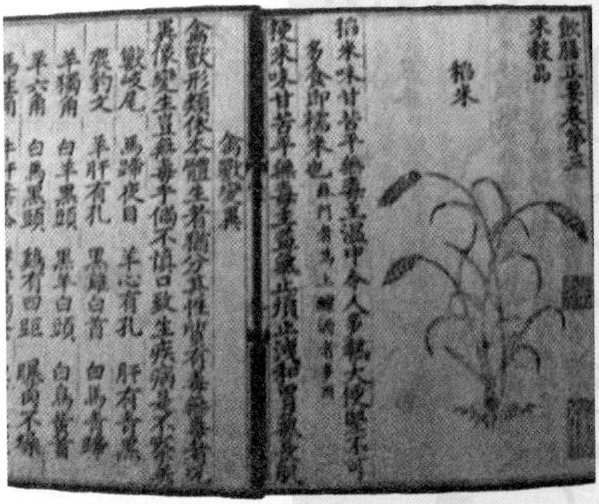

▲忽思慧所著的《饮膳正要》中提出，春天适合吃麦子，冬天适合吃黄米

这是世界上第一部营养学著作，讲了食物与疾病的关系，并细致论述，在养生时，要注意什么，四季气候不同时，要怎么调配五味等。

书中记载有153种食谱、61种药膳方，学术价值极高，史料价值极大。

书中还出现了一个术语——“食物中毒”。这是中国人第一次使用这个词。

他列举了一些治疗食物中毒的方法，有的至今还在使用。

蒙古骑兵在远征中，曾冲到欧洲、中东、南亚等地，因此，元朝的饮食中，既有汉族、蒙族、女真族、西域的风味，也有匈牙利、波兰、伊朗、土耳其、印度、阿拉伯等风味。不过，蒙古人爱吃的羊肉，还是占据主流。

忽思慧记录的95种奇珍异馔中，有76种都是用羊肉做的。

当朝皇后看了此书后，颇为中意，下令刊刻，传示天下，让天下人都安康、长寿。

此时，忽思慧又到了中宫任职，伺奉皇后卜答失里。

皇后睡眠不好，有些虚弱。其实，这是她的心病。

她是元文宗的妃子，而元文宗原本不该继承皇位，皇帝应由元文宗的哥哥继承。但是，她和元文宗设下阴谋，把哥哥毒死了。她又派出太监，暗杀了哥哥的妃子。

此事让她一直心悸，元文宗也很不安。夫妻二人时常恐惧，因此，总是不得安心。心病久了，又累及了肺腑，身体也弱了。

忽思慧隐约听到些风声，又经过诊视，觉得还是以饮食疏导为好。

他还嘱咐皇后，吃饭就是治病，吃热食时，会出汗，不能吹风；夜里，要少吃或不吃；不要大怒，也不要大喜，尽量平静。

这些医嘱，具有一定的科学道理，放在今天也适用。

两年后，元文宗病死了，年仅29岁。临死前，他还想

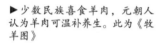

▶少数民族喜食羊肉，元朝人认为羊肉可温补养生。此为《牧羊图》

着谋害哥哥的事，又悔又痛，吐露了真情。他为了赎罪，遗诏由侄子继承帝位。

一些大臣不同意，想让太子为帝，但被皇后阻止了。

皇后也一直内疚，因此，坚决要把皇位让给侄子。

于是，大臣们前往广西，把13岁的皇侄迎回来。这便是元顺帝。

元顺帝回来后，尊卜答失里为太后。可是，太后仍不安宁，始终觉得心里没底。

她想，元顺帝是恨她的，说不定什么时候会报仇。

她的担心，果真成了现实。

元顺帝忽然下诏，废黜她的太后尊号，将他迁出宫中。

没几日，她就离奇死去了。没人知道是什么原因。

忽思慧的名字，也从此在史书上消失了。

他作为太后宫里的人，不知是被牵连致死了，还是另任他职了。总之，史书中没有提及一字。

不过，忽思慧在医药史上、食疗史上的地位，却是永恒的。

他强调的食疗在医药学中的作用，成为历史上抹不去的华彩。

扩展阅读

糕，是米粉制成的食物，早在春秋战国时就有。到汉朝时，花样更多。唐朝时，出现了用“团”命名的食物，如粉团、雨露团等。宋朝时，糕和团的种类多得简直数不清。

◎青菜的高度

倪瓒从小丧父，由兄长抚养。兄长是道教真人，而元朝推崇道教，因此，倪家享有特权，生活安逸。

由于经常接触道教，倪瓒养成了与常人迥然不同的习性。他清高孤傲，不问政治，洁身自好，甚至有了洁癖。

他的服巾，每天都要洗好几次。至于厕所，简直就是一所飘香的空中楼阁。

厕所用香木盖成，下面填土，土上铺着洁白的鹅毛，排泄之后，鹅毛就会飘起，然后，覆盖住排泄物。厕内还放着香料，根本闻不到一丝臭味、秽气。

倪瓒好诗文，好绘画，文房四宝很精致。他专门挑选了两个仆人，随时擦洗。

院里有梧桐树，他抬眼看见了，也命人挑水擦洗。

一天，友人来访，夜宿于此。倪瓒心惊肉跳，害怕友人不干净，一夜之间，起来三四次，悄悄查看。偶然听到友人咳嗽一声，顿时忐忑不安，一夜无眠。

天刚亮，倪瓒便叫来仆人，去检查友人吐的痰在哪里。

▼倪瓒像，明朝画家仇英所绘

仆人遍找不见，害怕挨骂，便捡来一片树叶，上面有点儿脏的痕迹，给倪瓒看，说吐在落叶上了。

倪瓒瞥了一眼，急忙闭眼，捂住口鼻，命扔到三里外的地方去。

由于太爱干净，倪瓒很少亲近女子。偶然有一次，他不知怎么对一个赵姓歌姬动了心，带回家中留宿。

倪瓒让赵女先洗澡。待洗好后，他从头摸到脚，一边摸一边闻，还是感觉不干净，便让赵女再洗。

▲倪瓒所绘《雨后空林图》

赵女洗后，他再摸再闻，还不放心。赵女只好又洗。

洗一遍，摸一遍，闻一遍，没完没了，天都亮了，只得送赵女回去了。

不仅如此，倪瓒还有个古怪的性情。

一次，倪瓒留宿一位邹先生家，刚好邹先生的女婿来了。倪瓒听说，这个女婿是个读书人，赶紧出迎，鞋都没穿好。

可是，当他一见来人后，顿时愤怒起来，扬手抽了来人一巴掌。

原来，来人长相不够清秀，说话有些粗鲁，让他心里不舒坦。

邹先生不知怎么回事儿，倪瓒理直气壮地说："此人面目可憎，言语无味，我把他骂走了！"

▲倪瓒所绘《虞山林壑图》

还有一次，倪瓒招待皇族赵行恕。他特意准备了"清泉白石茶"，赵行恕却觉得，此茶并不怎样。倪瓒生了气，怒叱赵行恕为俗物，当即与他断交了。

倪瓒虽然不同流俗，但并无恶习，反而善良、正直、磊落。

他在绘画上，更有极深的造诣。他先是研究名画，然后临摹。同时，外出游览、观察，实地写生。

他非常勤奋，一轴轴的画卷，摞成了小山。

公元1328年，他迎来了一个悲伤的时刻。

他的兄长病故了，接着母亲也去世了。

他痛哭失声，悲恸欲绝，受到极大打击。

兄长离世后，倪瓒享有的特权也被取消了。他沦为普通的百姓，经济日渐窘困。

但他的绘画技艺却走向了成熟。他总是与和尚、道士为友，所绘之画，也充满了隐逸的气息。

他自己也开始信仰全真教，性格愈加孤僻、狂狷。

但悲怆与痛苦并未离他远去，尤其是时值元末，战乱迭起，百姓流离，让他更觉凄伤。

他写了一首诗，说："民生惴惴疮痍甚，旅泛依依道路长。"他内心的苦楚，深而绵长。

他变得很消极，又写道："天地间不见一个英雄，不见一个豪杰。"

为了逃避现实，过一种"照夜风灯人独宿，打窗江雨鹤相依"的生活，他把仅剩的家财，全部散尽，然后，漫游太湖，在自由行走中寻求内心安宁。

在差不多20年的时间里，他四处行走，飘泊不定，与诗画交心。

他对太湖的观察，到了入微的地步，画出来的作品，极为新异，有个性，既奇峭简拔、明朗淡远，又苍凉古朴、静穆萧疏。

▶《夜宴图》中，酒菜与笔墨齐备，足见雅兴；图中的椅子也颇为新奇雅致

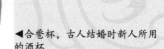

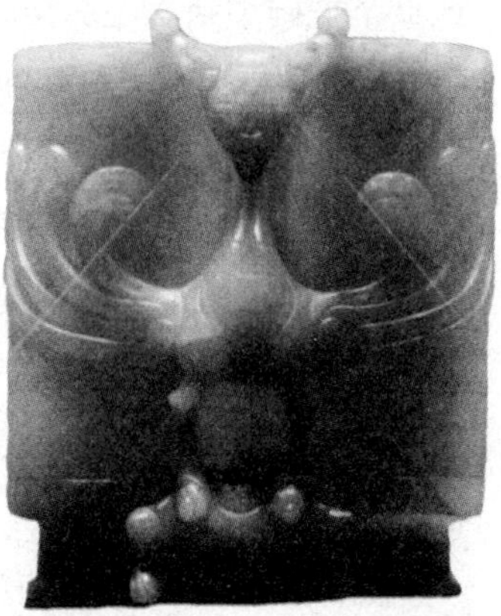
◀合卺杯，古人结婚时新人所用的酒杯

他的许多画作，都极大地影响了后世。

太湖多鱼、虾、蟹、螺，也多湖泊水蔬，倪瓒吃了很多，回味不已，写下了一本菜谱。

由于是在家中“云林堂”写的，菜谱的名字就叫《云林堂饮食制度集》。

书中记录了50多种饮食，如烧鹅、蜜酿蝤蛑、雪菜、青虾卷等。

他还记录了冷淘面法，也就是过水面条。

拌面条的汁，非常讲究：取姜，去皮，捣出汁；取花椒，捣成末，放入醋、酱；取冻鳜鱼或鲈鱼、江鱼，去皮，去骨，切片，熬汁；再将所有的汁，放在一起，加入香菜末或韭菜末。

倪瓒的食谱，虽然有肉，但以清淡为主。这符合士大夫们追求清雅的情操。

从宋朝到元朝，士大夫多向往清淡之食，少吃肉，甚至不吃肉。

他们把清淡之食写得很诗意，并与安贫乐道、好仁不杀联系起来。饮食，成了回归自然的一种方式。

有人甚至提出口号：青菜如此美好，何必吃腥膻！

把清淡饮食提高到修身和从政的高度，这也是中国传统文化的一个特点。

对于倪瓒来说，清淡的饮食有了，但清静的日子却并不长久。

公元1355年，由于贫寒无钱，他交不起官税，被抓进了牢狱。

生活艰辛，但他的习性没变。当狱卒端来饭菜时，他让狱卒把碗举到眉毛那样高。狱卒迷惑不解。他解释道："怕你的唾沫喷到饭里。"狱卒差点儿气死，把他锁到了马桶旁，后经人求情，方得释放。

公元1363年初秋，倪瓒的老妻又病死了。

倪瓒揪心难耐，茫然凄凉。他觉得，自己从此孤苦无依了。

元朝灭亡后，明朝皇帝召倪瓒入朝当官。倪瓒穷困潦倒，但却坚持不去。

他在画作上题字，写道："只傍清水不染尘。"意思是，不愿被官场污染。在书款处，他写着元朝的年号，而非明朝的年号，表明自己至死忠于元朝。

公元1374年，中秋之夜，倪瓒患上恶疾，一病不起，年末逝去。

扩展阅读

古人结婚时，也有食俗。新郎新娘拜天地后，要"合卺"。合卺，就是指二人共饮合欢酒，以象征合为一体、同甘共苦。现在的交杯酒，就是由合卺之礼演变而来。

第八章
明清食序

明清时期，文明饮食、科学饮食的思想，第一次出现在历史上。饮食文化真正成为了一门学问。豆，退出主食行列，进入副食阵营，更多种类的食物迎来了“花样年华”。不过，在宫廷中，饮食制度却更加严格，吃饭并不仅是为填饱肚子，更是为体现身份地位。

◎不识字，不能喝茶

朱元璋是明朝的开国皇帝，称帝不久，就把二十多个儿子分封到各地驻守。

其中，朱权是第十七子，被封到赤峰，为宁王。

朱权只有15岁，但头脑活络，一到赤峰，便在古城遗址上修建了宁王府，在边境部署了强兵。

▼《惠山茶会图》中，茶桌摆在松树下，清雅幽静

▼在绿水青山茅屋中品茶，向为明朝文士向往，图为文徵明所绘《品茶图》

朱权有八万精兵，包括归顺过来的蒙古兵，异常勇猛，几乎无坚不摧。

五年后，朱元璋去世，由皇孙继位，史称建文帝。

建文帝看到朱权等藩王掌握兵权，心里不安，开始削藩。

朱权有些焦虑，很担心失去兵权，但又感觉很茫然，一时无措。

就在这时，他的四哥燕王——被封在北京的朱棣，因不满削藩，起兵反叛了。

激战就此开始，朱权默默然，一声不响，既不帮四哥，也不帮建文帝。

渐渐地，建文帝占了上风，燕王朱棣被打得稀里哗啦。

朱权还是不动声色。

可是，朱棣却跑来找他了。

朱棣见了朱权，非常亲热，好言好语，不停地套近乎。

朱权见此，心里软乎乎的，竟然在朱棣离开时，一路送到了城外。

结果，在荒野地里，他被他四哥控制住了。

朱棣胁迫朱权，与他一同攻打建文帝。

朱权虽然被绑架了，但还是犹豫不决。

朱棣便又许下诺言，事成之后，二人平分天下。

朱权本来也害怕被削藩，这下又被威逼利诱，便同意了。

宁王朱权善谋，燕王朱棣善战，二人又兵马强盛，联手之后，最终攻下了都城，推翻了建文帝。

公元1402年，朱棣即皇帝位，但却绝口不提分天下的许诺了。

▼这幅明朝画作中，人物饮茶观画，显出文与茶的密切关系

朱权毕竟年轻，想到自己劳苦功高，不禁有些骄狂、恣意。朱棣一见，立刻以此为借口，把他迁到遥远的南昌，尽夺兵权。

朱权追悔不已，但悔之已晚。

此时的朱权，刚刚25岁。他意识到，自己不可能再有什么前途了，眼下能做的，只是保住性命。

为了不让朱棣挑出错处，朱权开始韬光养晦，寄情于游娱。

他很多才，写了一些戏曲著作，造诣深厚，实为戏曲理论家、剧作家。

他还在南昌城外找了个地方，筑了精庐，研究道教。闲暇时，便在风中弹琴。

▼明末清初陈洪绶所绘《来鲁直夫人像》，该夫人隐居深山，身旁有茶相伴

他还制作了一张古琴，为旷世之作，堪称明朝第一琴。

由于喜好清虚，他对茶的研究，也很深入。

他写了一部《茶谱》，提倡“茶侣之德”。

什么是“茶侣之德”呢？

意思是，茶为清物，饮茶的人，也应是不与浊世同流的人。

在他看来，茶，傲视万物，千万不能和庸俗的人共饮，也不能和大字不识的人共饮；只

▶古画中的小童在竹林间为文士煮茶

有那些清士雅人，才有资格品饮，从而修身养性。

显然，朱权更在乎意境的交流。这一点，在茶文化中是很重要的。

朱权沉溺于书、琴、茶、道，逐渐打消了朱棣的戒备。朱权也因此获得了安全。

扩展阅读

船宴在春秋时就有，吴王阖闾在船上设宴，残羹倒入江中。明清时，船宴更多，就连小船也有灶。还有人把厨房另设一船，为“行厨”。在烟水斜月中进餐，奇美而风雅。

◎说悄悄话者，禁止饮酒

明朝有个人，叫袁宏道，才华横溢，几乎无法形容，很小的时候，就诗文脱俗了。

袁宏道16岁时，在城南结社，推举自己为社长。

很多人蜂拥而来，向他学习，与他讲谈。大多数人，都比他大，但30岁以下者，都奉他为师，谨遵他的规矩，不敢有错乱。

袁宏道中了进士后，被朝廷派到吴县，担任知县。

他在断案处事时，敏捷果断。在任仅两年，吴县就面貌一新，百姓成天乐呵呵的。

闲暇，袁宏道召士大夫们聚会，谈文说诗，追求风雅。

袁宏道没有私心，襟怀坦荡，虽为县令，却清贫寒苦。

当他辞官后，不得不向人借钱养家。宰相听说后，赞叹道，200年来才出一个袁宏道啊。

袁宏道之所以离开吴县，是因为酷爱大自然，想要游历山水。卸任后，他很快就来到了苏杭。

▼明朝画作《醉愁图》中，人物的酒态愁态呼之欲出

为观赏奇胜，他总是冒着生命危险登山、越涧。有人劝他小心，他说，如果那么惜命，还游山做什么！

他还口出壮语，与其让他死在床榻上，还不如死在山石上。

公元1598年，袁宏道正在写游记，收到了一封书信。

是在京城任职的哥哥写的，命他赶快进京。

袁宏道只好收起兴致，来到京城，出任顺天府教授。过了两年，他又被转任礼部官员。

他对官场恶习很反感，几个月后，就辞了官，回了老家。

朝廷不舍，还是征召他，让他担任稽勋郎中。

袁宏道便自己找乐子。他的哥哥促成了一个文学流派——公安派，他加入进去，把学派搞得很热闹。

他提出一个文学口号，反对剽窃，反对模仿。

他尖锐地指出，文坛上，有一些复古派，整天念叨古文，不是模拟，就是仿照，还说是传承文化，其实就是食古不化，是抄袭，无知！

▼《斗酒图》中，人物酒意正入佳境，神态专注

他的意思是，时代在变化，文学也得变化，要灵动，有新意，总是照搬老东西，就假了，没趣！

在举行文学流派的活动时，难免要设酒席。而喝酒过多时，常会出现龃龉、摩擦、冲突甚至反目成仇等事。袁宏道注意到了，便写了一篇《觞政》。

《觞政》，就是饮酒的律令。

▼《斗酒图》表现了明朝文士聚饮的场面

袁宏道写道，饮酒时，要选择好酒徒，有12种人能选，如说话诚恳的人、气色温柔的人、能让满座踊跃的人、会开高雅玩笑的人、宁醉也不偷着泼酒的人、不胜酒力但能陪着的人……

他还提出，在花间饮酒，应在白天；对雪饮酒，应在夜晚；在楼上饮酒，应在夏天；在水边饮酒，应在秋天。

与佳人饮酒，脸红即止；与知音饮酒，可伴有曼声清唱。

太阳炙热时，不应饮酒；心境漠然时，不应饮酒；刻意安排时，不应饮酒；互相拉扯时，不应饮酒。

不能重视菜胜过重视酒。

不能随意挪动，借酒发疯。

不能在光线昏暗的室内大饮。

不能在宴饮时不断地站起、坐下。

不能贴着耳朵说悄悄话。

不能絮絮叨叨，啰里啰唆。

不能口在饮酒，心在想别的。

不能让小孩或侍从喊闹。

袁宏道还写了很多条例，设计出一整套细致的规范，反映出明朝人对饮食享受的理性认识。

袁宏道终究不愿做官，不久，他身体不适，借机回了家乡。

公元1610年秋，袁宏道病逝，年仅42岁。

他的家中一贫如洗，朋友们也都穷寒，捐助的钱不够下葬，只好把他的书画卖了，连砚台也都卖了，才凑够了棺材钱。

一代文学家，就此永别人世。

扩展阅读

明初，皇帝为南方人，嫔妃、大臣也多来自南方，喜南味，但在冬天和春初时，却要吃北方的羊肉，如爆炒羊肚、烤羊肉、羊肉包等。“羊”与“阳”同音，象征阳气长、阴气消。

◎看什么花，吃什么饭

公元1584年，在安徽的一个郡中，刘时敏出生了。

这是一个富贵之家，父亲任辽阳协镇副总兵。刘时敏一出生，就备受呵护。

他一点点长大，接受了很好的教育，诗文朗朗上口，书法大气惊人。

16岁那年，命运忽然改变了。

有一天，刘时敏做了一个梦，非常奇异。醒来后，他细细回思，久久不忘。

这个神秘的梦，让他对自己的身体产生了疑惑。于是，小小年纪的他，竟然决定将生殖器割掉。

他自己动刀，实施了宫刑！

消息传出后，人人震惊。

刘时敏却冷静自若，忍着巨痛，安心静养。

第二年，他17岁，被选入皇宫，进入司礼监。

刘时敏认真、勤快，又有学问，很快得到了肯定。

随着时光流逝，他服侍了两任皇帝——明神宗、明光宗，一丝不苟，深受信任。

当明熹宗继位时，这已是他面对的第三位皇帝了。他依旧如故，尽心尽责。

▶《南都繁会图》中，卖面食的摊子非常热闹

▶《南都繁会图》中，明朝南京有专门的牲畜交易场所，如猪行、羊行等

◀《皇都积胜图》中的北京市集热闹无比

◀《皇都积胜图》中的食肆摊主都打着遮阳伞

此时的司礼监，由大太监魏忠贤掌管。魏忠贤专政，把刘时敏调到内直房，管理文书。

刘时敏博学，好读书，很高兴地接受了这个职务。

他心里也有一些不安，觉得魏忠贤诡计多端，可能会猜忌他。他便格外小心，生怕出一丝错。

魏忠贤的确猜忌他，怕他见识多，不利于自己，便派人监视他。

刘时敏无可奈何，只能做出愚笨的样子，以躲避灾祸。为此，他还特意给自己改了名字，叫“若愚”，时刻以此自警。

就这样战战兢兢地过日子，总算未被残害。当他看到魏忠贤残害他人时，他也不敢吱声，只能背后示意，也是偷偷摸摸的。

明熹宗病逝后，崇祯皇帝坐上了龙椅。这位皇帝，是刘若愚面对的第四位皇帝，也是最励志图强的一个。

崇祯皇帝继位第二年，就流放了魏忠贤。皇帝以为刘若愚是魏忠贤同党，便也流放了他，让人押着他，去孝陵卫种菜。

然后，皇帝又下了一道圣旨，判刘若愚死刑，秋后执行。

刘若愚被关入狱中，深受冤屈，非常痛苦。

他一想到魏忠贤真正的党羽因花了钱疏通，都逍遥而去了，而自己却无辜被判死刑，就越发悲愤了。

为了给自己申冤，他决定，模仿司马迁著书，依靠文字还自己清白。

他坐在幽暗的狱中，日夜发奋，呕心而写，把自己这几十年的生涯，一一尽述。

由于是申冤之作，又没有条条框框的限制，加之身为太监，他的书写极为细致，没有空话，堪称独特的明朝杂史。

这就是著名的《酌中志》。

▼明朝古画上，人物与花对饮

在书中，刘若愚述说了自己侍奉四代皇帝的大事小情，述说了后妃、内侍的日常生活。内容琐细、繁杂，既包括宫中规则、内臣职掌，也包括饮食、服饰等，很多都是在正史中看不到的。

比如，在饮食方面，他详细写了节日饮食。

正月初一，要吃水点心、驴头肉等。

水点心，就是饺子。三十夜里包好，放入银钱，大年初一煮食，谁吃到银钱，谁就一年大吉。至今，这个习俗仍未消失。

驴头肉，用小食盒装着，因其筋道、耐嚼，称为“嚼鬼”——俗语中，驴就是鬼。

刘若愚还写道，宫中的饮食，往往搭配着月历和花历。

一月，看水仙，吃油焖黄鼠。

二月，看梅花，吃河豚，用芦芽汤解毒。

三月，看桃花，吃雄鸭腰子。

四月，看牡丹，吃糯米团，用苇叶包着，拌葱姜蒜。

五月，看丁香，喝菖蒲酒。

六月，看芍药，吃荷叶绿豆黄发糕，嗑西瓜籽。

七月，看芙蕖，吃鲥鱼羹。

八月，看玉簪花，吃螃蟹。

九月，看菊花，喝菊花酒，吃麻辣兔。

十月，看海棠，吃牛肾、驴肾、羊肾等。

十一月，看野蔷薇，吃糟腌小母猪尾巴。

十二月，看山茶花，吃小雀炒鸡子。

刘若愚还写道，皇帝最爱吃的，是一道大杂烩：用田鸡腿、笋鸡脯、鲨鱼筋、猪蹄筋、海参等烩在一起。

这道菜，类似现在的“乱炖”。

刘若愚的这些记载，显示出古人对时节与饮食的关系有很深刻的认识。

而饮食一旦有了时序性，就会有条不紊，增强体质。明朝人注意到了这一点，是很科学的。

同时，饮食的时序性，又能促进节令食俗的发展。

《酌中志》写完后，刘若愚千方百计把它送到了崇祯皇帝手上。

皇帝看了，极为惊叹、感慨。他更深地了解了过去的历史，也明白了刘若愚的冤屈。很快，他下令，释放刘若愚。

刘若愚再次行走宫中了。

他成功地进行了自救，但他并不知道，他还为饮食历史做出了贡献。

▼明朝开垦荒地种植粮食的帖子

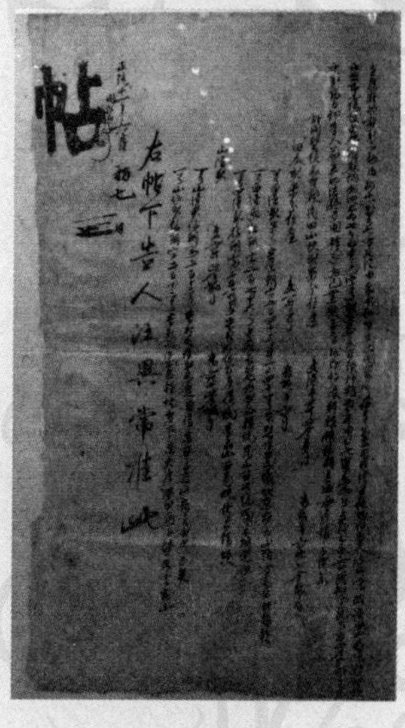

扩展阅读

辣椒原产于中南美洲，通过丝绸之路和海路传到中国。明朝时，有了辣椒的记载。明朝人写道，这种丛生的植物，开白花，结出的果实像秃笔头，颜色很红，甚为壮观。

◎不吃饭就无纠纷

公元1611年，在江苏一个荒僻的小村落里，气氛显得格外紧张。

一个产妇腹痛剧烈，却无法顺利分娩。众人焦急不安，束手无策。

一个老者突然说：“此处风水不好，地盘太轻，可把产妇移到村里的祠堂里。”

众人无可奈何，便照做了。

庆幸的是，产妇被抬过去不久，一个婴儿就诞生了。

这个孩子，就是日后大名鼎鼎的李渔。

李渔家境清寒，父亲奔波在外，兜售草药，母亲做“烧镬娘”，在村里帮工，一家子都把希望寄托在他身上。

李渔在襁褓中时，就对书字感兴趣，一见便咧嘴笑。

他长成小童时，就看四书五经了，仿佛过目不忘，背诵起来，唧唧呱呱，清脆可人。

他家的后院，有梧桐树。他总是抓着发簪，用簪尖在树上刻诗，警戒自己珍惜时间。

▶李渔的女婿沈心友所作《芥子园画传》，上有李渔图像

◀清朝食盘上的捕鱼图

15岁那年，他又跑到梧桐树下，刻下一首诗，大意是：小时候种梧桐时，树像艾草一样细，簪尖只能刻下小诗，字很瘦；刹那间，几年过去了，树长大了，字也大了，看着这新痕旧痕，感觉时光飞逝，怎能不珍惜。

母亲见李渔如此用心，便把李渔安置到一座“老鹳楼”里，在寂静中攻读诗书。

就在这时，不幸降临了。李渔的父亲因病去世，全家陷入了困顿。

这一年，李渔19岁。

他意识到，依靠贩卖草药很难走出窘境，必须走上仕途，谋取功名。

有了这个想法，他便愈加苦读，并参加了乡试。

岂料，他自觉考得不错，最后，却名落孙山。

他又疑惑，又气愤，写诗抱怨，说命运不济。

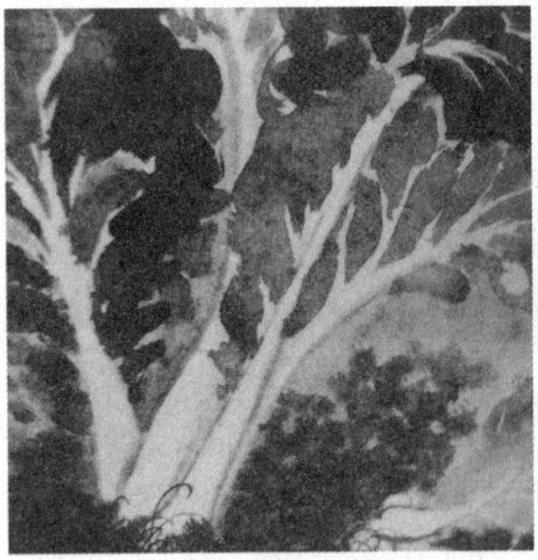

▲清朝画家石涛所绘白菜

▲清朝画家石涛所绘芋头

▲清朝画家石涛所绘竹笋

但他并未泄气，公元1642年，他又去应试。

倒霉的是，刚走到半路，就遇到战乱，只好返回家去了。

此时的明朝，已经摇摇欲坠。清朝骑兵横扫江南，马上就要灭亡明朝了。

李渔有了深深的国难之痛，长叹不已。

他又想到自己谋取功名的计划成了泡影，不禁又心灰意冷，惆怅凄楚。

经过数年的折腾，他已人至中年，家里依旧穷苦，才华也无用武之地。他既感觉惭愧，又感觉凄凉，哭叹道："人泪桃花都是血，纸钱心事共成灰。"

明朝灭亡后，清朝创立。清朝统治阶层是满族人，为了让汉族人臣服，朝廷下令，所有的人都要剃头，与满族人的发式保持一致。

剃发令一出，李渔的民族自尊心受到伤害。他非常不满，一腔愤懑。可是，若不剃头，就会被处死。他忍住悲愤，还是剃了头。

面对世事的变迁，李渔萌生了归隐之意。

他拒绝朝廷的征召，自谋生计。

当他50岁时，他依靠努力，在大道上，建了一座凉亭，供奔波的人歇脚；他还兴建了沟渠，自流灌溉，今天仍在使用。

他又建造了小园林——芥子园，丰富了园林史；他还创立了戏班，成了戏曲理论的始祖。

然而，他依旧贫困。家里有几十口人，他没有一日不在奔波。

他结交了很多朋友，既有宰相、尚书、大学士，也有商人、手艺人、渔樵，三教九流，无所不有。

在古代文化名人中，李渔的交友最多、最广，这为他日后创作《闲情偶寄》提供了素材。

李渔的一生中，从未放弃过努力。他坚韧、顽强、有毅力，无论生活多么艰难，他都充满热爱。

60岁时，他总结自己的生涯，写下了《闲情偶寄》。

这是中国第一本休闲文化专著，内容包括词曲、声乐、居室、器玩、饮馔等，堪称休闲百科全书、生活艺术指南。

书中的描述，细若发丝。比如，富人如何找乐，穷人如何找乐；每个季节如何解闷，性生活如何节制，蒸饭如何放蔷薇露、桂花露等。

李渔写完此书后，借给一个友人。

此人翻了几页，见写着戏曲，因不爱看戏，觉得无聊，就把书送了回去，说没意思。

李渔听了，写了一首诗："读书不得法，开卷意先阑。此物同甘蔗，如何不倒餐？"

意思是，书的后面还写了饮食等内容，如果友人看到后面，就不会感觉没趣了。就好比吃甘蔗，甘蔗根部是最甜的，要看这本书，只有看到后面才有意思。

的确，后面的饮食部分当真引人回味。

李渔生动地描述了他自创的主食：五香面。

他写道，先煮笋、菌、虾，之后，取汤汁，在汤汁中加酱、醋；再用此汁和面，加入椒末、芝麻屑。如此制成的面条，鲜香无比。

李渔的饮食观，简约而清淡。

他说，人若能不吃饭的话，世上就不会有纠纷；可是，人不是土石草木，都有食欲，因此，可适当控制，别把欲望推到极端；否则，在毁掉许多

▲古画中的倭瓜

▲《香实垂金图》中的南瓜饱满圆硕

▲清朝画家金廷标所绘《荷塘图》，图上摆着水果和白藕，显示出清朝人对果蔬的喜欢

动植物后，就会危害到人类自己。

李渔的话，符合进化论。但是，究竟要如何控制食欲呢？

他解释道，食要简约，每餐有1~2种美味就行了；若吃下几十种，食物之间难免要发生矛盾，难以消化。

他又说道，食要清淡，肉不如蔬；清，就有醇味，淡，就有真味；味浓，会夺去醇味、真味。

李渔强调，蔬菜清淡，白绿鲜嫩，可使人气清、少病。

这个饮食主张，符合现代饮食之道。

扩展阅读

花椒香气浓郁，果实累累，古人对它颇有好感。先秦时，它被用于敬神；南北朝时，它被用于炖肉；明朝时，它风头更盛，尤其在素食中，几乎不能缺少它的身影。

◎饮食史上的绝唱

公元1713年的北京城，显得格外安静。小雪细碎地飘落，让人心里很温润。

康熙皇帝从乾清宫里出来，望着红墙、黄瓦、白雪，颇为舒坦。

眼下，盛世太平，他蓦地冒出一个想法，自己快到60岁了，时至老年，何不邀天下老者，同庆自己的寿诞呢？如此，既显示自己治国有方，又能表达对老者的关怀、尊重，还很有趣。

他这样一想，更加欢悦了，即刻下令：凡是65岁以上者，均可赶到京城，参加聚宴。

礼部、户部紧急行动，搭置彩棚，从西直门一直搭到畅春园，逶逶迤迤，长达20里地。

以往，在京的官员，每个月只穿七天朝服，现在，礼部传旨，京官每天都要穿蟒袍、补褂，以示隆重。

天下顿时热闹起来，官道上，一下子涌出了很多老头儿、老太太。有的坐轿，有的乘车，有的骑驴，有的步行，

◀《乾隆南巡图》中，各类食店密集而井然

▼《耕织图册》再现了清朝农业繁盛的景象

欢天喜地，充满向往。

3月25日，康熙皇帝来到畅春园，首次开宴。他展眼一望，底下白发如雪，白须成阵，掩映一片。

这天，与宴者中，90岁以上的有33人，80岁以上的有538人，70岁以上的有1823人，65岁以上的有1846人。

3月27日，90岁以上的有7人，80岁以上的有192人，70岁以上的有1394人，65岁以上的有1012人。

3月28日，许多老妇前来就宴，总人数达到7000人左右，盛况空前。

皇帝为老人们准备了火锅，配有猪肉片、羊肉片、鹿肉片等。此外，还有荤菜、蒸食、炉食等。另备小菜、肉丝炒饭等。

以往尊贵的皇子、皇孙、宗室子孙们，都充当了“服务员”，像侍从一样，在酒席间奔来奔去，为老人敬酒、上菜。

他们还把80岁以上的老人扶起来，搀到康熙皇帝面前，君民对饮。

康熙皇帝笑逐颜开，对来自外地的老人，额外赐给了银钱。

这次宴请，震动天下，也感动了天下，康熙皇帝更受拥戴了。

▼《盛世滋生图》描绘了乾隆时期的都市繁华，沿街都是食肆

然而时光如流，转眼十个年头稍纵即逝，康熙皇帝已至古稀。

公元1722年，这是康熙皇帝人生中的最后一年。

他回望前尘，无尽感慨，决定再次宴请老人，同享今朝。

此次宴请，设在紫禁城的乾清宫之前，与宴者有1000多人，人头攒动，壮观无比。

▲为发展生产，清朝多次治理黄河，图为清政府在黄河筑堤

半酣之时，康熙皇帝赋诗一首，名《千叟宴》。此宴故称“千叟宴”。

这一年，康熙皇帝的孙子弘历12岁，也参加了大宴，为老人们服务。

弘历被此盛景深深震撼，不能忘记。当他继位成为乾隆皇帝后，还回想着千叟宴的宏大、壮观与豪气。

公元1785年，他决定效法祖父，在自己继位50周年时，也举办千叟宴。

这是清朝的第三次千叟宴，有3000名老人来到乾清宫。其中，既有宗室、官员，也有商贩、老农；既有满人、汉人，也有西域人、朝鲜人。

整个乾清宫，挤得满满当当。殿廊下有50席，丹墀内有244席，丹墀外有382席，甬道有124席，共有800多席。

酒肴十分丰盛，只有想不到的，没有吃不到的。

▲清朝时期的藏族酒壶

▲清朝时的木盒，由桦树皮制成，可装食物

干果有怪味核桃、水晶软糖、五香腰果等。

甜点有蜜饯海棠、蜜饯香蕉等。

饽饽有艾窝窝、凤尾烧麦等。

酱菜有蜜汁辣黄瓜、酱桃仁等。

煎菜有陈皮兔肉、怪味鸡条、天香鲍鱼等。

膳汤有罐焖鱼唇。

御菜有琵琶大虾、香油膳糊、肉丁黄瓜酱、酱焖鹌鹑、蚝油牛柳、川汁鸭掌等。

烧烤有御膳烤鸡等。

火锅有狍子脊、野猪肉、野鸭脯、鱿鱼卷、鲜豆苗等。

此肴馔，也被称为"满汉全席"，象征各民族团结融洽。

如此盛大的酒局，阵势惊人。乾隆皇帝还亲自侍奉老人，给90岁以上的老人斟酒。

但见觥筹交错，碗筷齐飞。一时间，乐倒、饱倒、醉倒的老人不计其数。

此次千叟宴，异常喜乐，被百姓视为万古之未有。乾隆皇帝也很兴奋。

公元1796年，乾隆皇帝业已86岁。他禅让皇位，让第十五子称帝——史称嘉庆皇帝，自己当太上皇。

可是，乾隆舍不得放权，还在乾清宫控制朝政。嘉庆皇帝住在毓庆宫，没有实权。

刚刚禅位3天，太上皇乾隆就又张罗起来，要再次举办千叟宴。

这一回，宴会设在宁寿宫的皇极殿。与宴者，为70岁以上的老人。

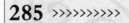

开宴后，韶乐庄重地响起，太上皇乾隆在嘉庆皇帝的侍奉下，入席就坐。

接着，嘉庆皇帝跑过去，带领3056名耄耋老人入内，震耳欲聋地喊“万岁”。然后，便是大吃大喝了。

老人们很激动，不少人当场吟诗。饭后一统计，竟然有3497首诗，创造了饮食史上的赋诗之最！

此宴结束后，乾隆继续掌控朝政，直至去世。

嘉庆皇帝亲政后，国家由盛转衰，千叟宴成了绝唱，就此断绝。

不过，2006年，广西永福举办了一次千叟宴。席上，年龄最大的老者105岁，最小的也有70岁；100岁以上者有5位，平均年龄为75岁。

此次千叟宴成功地入选了吉尼斯世界纪录。

扩展阅读

法国路易十五被称为奢侈的皇帝，其实，乾隆比他更奢侈。除夕大宴上，仅乾隆自己的一席，就用了300~400斤肉，包括野猪肉25斤、鹿尾巴4个、大小肠子6根等。

◎吃饭的注意事项

张英是安徽桐城人，中了进士后，入朝为官，家眷都留在桐城。

张英在朝行走，专心敬业，工作出色，很快被提拔为文华殿大学士兼礼部尚书。

消息传到老家桐城，一家子都很兴奋，仿佛一下子有了底气。尤其一个老家人，出来进去，笑得合不拢嘴。

一天，这个老家人修葺房屋，搬石砌墙。吴姓的邻居见了，赶忙过来，说张家多占了地。

老家人不甘示弱，据理力争。

两家就此吵起来，愈演愈烈，墙也无法砌了。

张家气愤至极，写了书信，让人飞送京城，交给张英。

张英以为出了什么大事，急急看信。看罢，才恍然大悟。原来，家人是想让他利用权势解决问题。

张英淡然一笑，提笔写了回信，是一首诗："一纸书来只为墙，让他三尺又何妨。万里长城今犹在，不见当年秦始皇。"

回信送到桐城后，家人一看，登时羞愧不堪，深深后

▼茅亭下的宴饮，知己相对，清幽怡然

▶墓室壁画上的宴饮图，墓主人对坐用餐，谨遵礼仪

悔，赶紧在砌墙处退让了三尺。

邻居吴家过来瞧后，大为感动，也后悔不迭，也退后三尺。

◀古代扇形瓷盘，宜盛凉食

这样一来，两家之间，就出现了一条六尺之巷，成为美谈。

◀青花瓷汤盆，可盛汤羹

张英的胸襟，可见一斑。

张英性情洒脱，向往山野田园生活，特意给自己起了个名号——“倦圃翁”。他生活俭朴，反对奢华。

当时，酒宴成风，许多人刚吃完这顿，又赶去吃那顿。张英深觉浪费、无聊，便提出，饿了才吃，饱了不要吃。

后来，他索性写了一篇《饭有十二合说》，全面地提出吃饭要注意什么。

煮饭时，要用朝鲜人的方法，先大火煮开，再小火煮干，保持原味、营养。

做菜时，猪、鸡、鱼、虾等都有至味，不必追求其他。

盛饭时，用瓷碗、瓷盘就行了，简单静美，根本不用镶金嵌玉。

进餐时，因荤腥并进，清茶必不可少，以通肠胃。

对于用餐之人，张英建议：不能一个人喝酒，太寂寞；也不能一堆人喝酒，太喧嚣；只约3~4人即可，或是好友，或是妻儿。

张英的饮食观，得到了一些士大夫的推崇。他的儿子

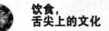

▶宋朝瓷碗，玳瑁釉，仿佛甲骨所制

▶宋朝瓷碗，菊瓣花口，晶莹如玉

张廷玉，也深以为是。

张廷玉入朝后，谨遵父辈淡泊清廉的家风，即便官至丞相，也很朴素，从不挑剔吃喝。

有一日，张廷玉去见雍正皇帝。雍正皇帝正在进膳，召他共食。

张廷玉奉命“侍食”。正吃着，他蓦地看到，皇帝把一颗饭粒掉到了案上，马上又捡起来，吃了下去。

张廷玉受到很大震动，深深感慨：坐拥天下的皇帝，尚且连一个饭粒都舍不得扔，他更没有理由浪费啊。

自此，张廷玉更加崇俭不奢，名声日重。

扩展阅读

清朝人周元懋，在田中种酿酒之谷，并四处找人陪饮，渔夫、樵夫、牧人都行。半夜，他去找女仆，女仆不能喝，他用酒浇女仆，然后坐轩中，邀月陪饮。饮酒过量，呕血死。

◎饮食史上的第一

袁枚24岁时，参加科考。正是风华正茂，意气风发，他才思奇绝，下笔如流。

然而，主考官却觉得有些不妥。

为什么呢?

原来，袁枚的一首诗中有这样一句——“声疑来禁院，人似隔天河。”主考官觉得有些神秘，不够庄重，想把他除名。

就在这时，刑部尚书尹继善挺身而出说：“此句的好，恰在它的神异，而非庄雅。”

经过尹继善的力争，袁枚总算没有落第，进了翰林院。

公元1742年，袁枚被外调出京，前往沭阳，出任知县。

时值乾隆时期，经济繁荣，但沭阳却很萧条荒凉。由于悍吏横行，整个沭阳，竟然有30万人在挨饿，被活活饿死的人，难以数清。

▼《宴饮图》中，古人边吃边谈边玩，气氛愉悦

袁枚一路行来，不时看到有人倒在路上死去，野鸟盘旋不去，叼食人肉，野狗则衔着人骨到处乱蹿。幸存的人，面色惨白，走路摇摇晃晃。

袁枚大吃一惊，伤感至极。

他赶紧开仓赈灾，减免赋税。同时，他又带着百姓修渠、治水、灌溉、防灾。

他日夜忙活，几乎没有写字的时间了。

好在他的努力没有白费，农耕总算恢复了，收成也好了。

无论多么劳累，袁枚每天都坐堂，亲自审案，解决各种问题，从不拖沓。

他不仅自律，还严格要求家眷，不准扰民。

得了空闲，他就到处走动，与人交谈，还去市集询问米价。沭阳的文士、商贾、匠人、耕夫、蚕妇等，都认识了他，一见到他，高兴得不得了。

沭阳得到了改观，袁枚心里喜悦，在县衙栽了一株紫藤。至今，它还生机勃勃地活着。

沭阳人对袁枚充满感激，袁枚调任他处时，百姓都来送他。道路被堵得水泄不通，有人哭着爬到车上，与他话别。

袁枚33岁时，父亲亡故。他见母亲孤苦，便辞了官，归了家。

南京有一处废弃的织造园，在小仓山下，墙垣倾颓，花草荒芜。袁枚花了300两金将其买下，修筑屋室。

他根据地势，开凿了很多小河塘；塘中，种满荷花；花下，有许多游鱼。小屋位于其间，既清幽，又芳香。他为之起名——“随园”。

随园虽为袁枚的家，但袁枚并没砌上围墙，谁都可以到此观水、赏花、休憩。

不知不觉，随园俨然公共场所，每天都有游人涌来。

袁枚毫不在意，不管不顾，任其游玩。他还写了门联：“放鹤去寻三岛客，任人来看四时花。”

他的好友赞他在朝做得好，下野也做得好。

袁枚则表示自己恋书，也恋花，再无出仕之想。

此后，他在随园度过了近50年的光阴。他特立独行，提倡女性文学，广收女学生，促进了思想解放。

袁枚一生，著述颇丰，除了诗歌、文学评论外，还有其他著作，如《随园食单》。

《随园食单》是论述饮食和技法的著作，有海鲜单、杂

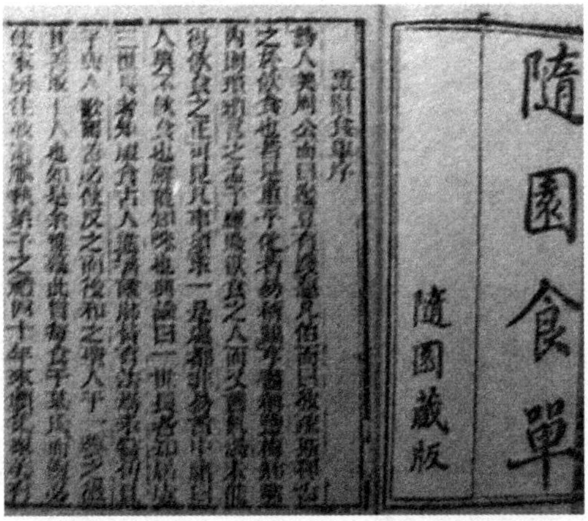

◀《随园食单》书影

▲《随园食单》上的袁枚像

素菜单、点心单、饭粥单、茶酒单等。

在茶酒单中，他记载了一种面茶：将面加入茶汁，熬煮后，再加入芝麻酱、牛乳等，香味淡淡，似有若无。

他还记载了一种茶腿：取火腿，用茶熏，肉色火红，鲜香四溢。

袁枚的饮食理论，自成系统。

他指出，饮食也有戒律，如戒火锅，因为吃火锅太闹腾，惹人厌，汤水多次滚沸，也会串味；戒强让，因为过度地让人，给人挟菜，会让人无暇细咂，不知其味。

袁枚对饮食的贡献，并不只在于这些，更在于他开创了无数个“第一”。

他第一个公开声称，饮食是一门正大的学问。

他第一个为厨师立传。

他第一个提出，要文明饮食。

他第一个倡导，要科学饮食。

他第一个公布，自己“好味”。

他第一个将鲜味定位为基本味型。

他的种种“第一”，使饮食文化发生了转折性、时代性发展。

正是由于合理的饮食、开阔的心胸，袁枚非常长寿。

▲古画中人物手提精致食盒，足见古人对饮食的重视

袁枚73岁时，接到一封书信，是沭阳人写来的，邀他到沭阳看看。

袁枚根本没想到，时隔多年，沭阳人竟然还记得他这个小县令。

他不顾年迈，欣然前往。

更让他感动的是，当他快到沭阳时，发现有很多百姓跑到了30里地外，早早地在那里等他了。

如此真情厚意，让袁枚的晚年增添了一抹更温暖的色彩。

扩展阅读

清朝，黄色的龙纹碗盘，为皇帝、太后、皇后用；里白外黄的龙纹碗，为皇贵妃用；黄地素三彩龙纹碗，为贵妃、妃用；无黄色的龙纹碗，为贵人、常在、答应等用。

◎茶馆是大害

公元1834年，裕谦来到江苏，任按察使。

刚到此地，他就发现一个现象，很不高兴。

原来，是茶馆扰了清静。

唐宋以前，茶馆还很少见，入了唐宋，才达到高峰。明清则是第二个高峰。

茶馆之所以火起来，是因为它能供人憩息，暂忘生活所累。

◀茶是明清宫廷不可或缺之物，图中侍女正在备茶

明朝时，几乎每个月都有50多个茶馆开张。到了裕谦生活的清朝，街上的茶馆，多达800家，已至鼎盛。

茶馆的娱乐性，日渐增强。无论是亲友相聚，还是谈生意，甚至说闲话，都到茶馆去。

◀墓室壁画中的饮茶图，说明茶事很兴盛

去茶馆成了一种消遣，也成了人际交往的一种礼节。

在茶馆里，有评书，有弹唱，热闹非凡。男男女女混坐在一起，常常闹到深夜，方才归去，尚且意犹未尽。

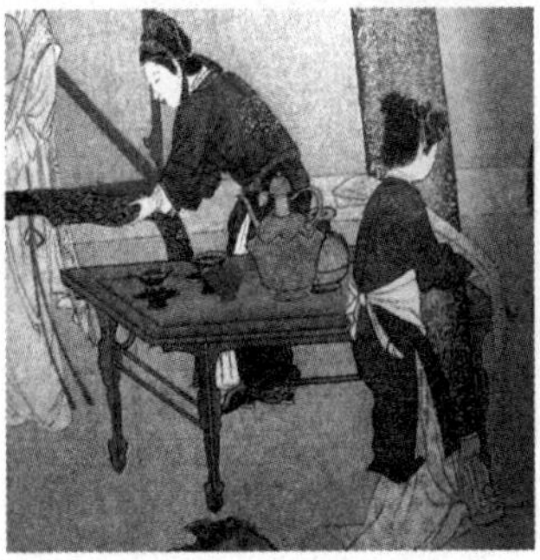

◀明清时期，王公贵族都很爱茶，图中桌案上便摆满了茶具

裕谦大为反感，视茶馆为大害，决心整顿一番。

但他并没有取缔茶馆，而是给茶馆下令，不许“男女杂坐，闹至更深”，免得生出其他事故来。

其他地方的官员，也和裕谦一样，屡次下令禁止。

然而，无人听从。

裕谦派人监察，得到回报，茶馆里一切照旧，而且几乎每个村子都有茶馆聚赌，还有吸食鸦片的。

裕谦大吃一惊，立刻命人追查烟贩，截留鸦片。

▼《事茗图》中，一人在村舍饮茶，外面桥上又有行者前来

在他看来，鸦片最为可怕，既能让国政腐败，又会让百姓病弱，还会让中国的银两流到外国去，流毒比猛兽还大。

因此，他把精力投放到查禁鸦片上，缉拿了1000多名烟贩。

裕谦成了禁烟派的骨干，在内打击烟贩、烟民，销毁烟具，在外严查英国人在海上的走私渠道。

公元1840年，鸦片战争爆发，英军登陆中国，威胁江浙。

▼清朝钱慧安所绘《烹茶洗砚图》，小童在溪流边扇火煮茶

裕谦为江苏巡抚、两江总督，他誓死抵抗侵略。无论寒冬酷暑，他都与将士们在一起，鼓舞斗志。

8月12日，英军29艘军舰、3万多人，入侵定海。

裕谦率领5000将士，浴血奋战。六个昼夜，不眠不休，消灭英军1000多人。

然而，由于投降派作梗，加之英国援军又到，定海再度失守。

裕谦赶快来到镇海，在那里截击英军。

英国兵分两路，杀气腾腾而来。裕谦毫不畏惧，登上招宝山，誓要与镇海共

存亡。

他的慷慨悲壮，让将士们感动、唏嘘，遂英勇抗战。

裕谦在城头指挥开炮，命小股分兵，突袭英军。几个回合后，英军死伤惨重。

裕谦见状，又命合兵，聚击英军。

然而，英军调来了舰艇，用舰炮轰击，并从招宝山背面登陆，夹攻镇海城。

招宝山失守了，死伤的将士漫山遍野。

从凌晨战到日暮，当夕阳浸染大海时，裕谦几乎没有兵力可用了。

英军正在攀梯登城，战势难以挽回。裕谦命令部下，带上关防各印，迅速撤离。

部下含泪离去。

裕谦独自留下，面朝皇宫的方向跪下叩首，然后正衣整冠，跳入沉泮池，以身殉国。

▲古画中，坐于木椅上的人，一边饮茶，一边吃水果

扩展阅读

伊秉绶是清朝书法家，他让人用面、鸡蛋制成面条，卷曲成团，然后油炸，储存起来。若有客来，便把面加上佐料，水煮以食，简称“伊面”。此为方便面的鼻祖。

◎每顿饭120道菜

公元1852年的皇宫，红香翠软，香气飘荡。秀女们聚在一处，正在等待皇帝的选拔。

有两个秀女，装扮漂亮，被同时选中，一个封为兰贵人，一个封为丽贵人。

兰贵人比丽贵人大两岁，兰贵人多慧，丽贵人温顺，二人和睦，并不争宠。

丽贵人生下一女后，被封为丽妃；隔年，兰贵人生下一子，被封为懿妃。

数年后，皇帝病死，懿妃六岁的儿子登基，懿妃成了太后。

因小皇帝年幼，太后便开始了垂帘听政。后世称她为——慈禧太后。

▼清朝慈禧太后像

慈禧太后掌握朝政后，倒也展现出了政治家大刀阔斧的一面。

她推行洋务运动，引进西方科技成果，开启了工业之门。

她又派人出国留学，使世界上出现了第一批中国留学生。

古中国向来重农、抑商，她认为太过偏执，便支持商业发展。

她还任命了曾国藩、左宗棠、李鸿章等一大批汉族大臣，使得名人辈出，实为几百年来的异彩。

公元1906年，慈禧太后还下令，禁止缠足，开办女子学校，由此开了中国女性解放的先河。

慈禧太后又确定了国旗、国歌、国徽、国

花。国旗为“黄龙旗”；国歌为《巩金瓯》；国徽为“蟠龙”；国花为牡丹。

慈禧太后当政时，清朝压力极大，有内部的威胁，也有外国的威胁，但她的举措，并不都是成功的，有些甚至丧权辱国，这让她饱受诟病。

而且，她在宫廷斗争中的残忍冷酷，也让世人难以原谅。

为了巩固地位，慈禧太后杀害了很多皇室宗亲。就连亲生儿子——同治皇帝，她都毫不留情，暴虐相待。

慈禧太后的专横阴毒，让同治皇帝感觉压抑，充满怨恨，年仅19岁就死了。

然而，慈禧太后似乎并不伤心，每日里，照旧着盛装，吃美食，还格外奢侈。

按照清朝礼制，太后的膳食为每餐120道菜。而慈禧太后不满足于此，愈发追求得精细。

在她的一份菜单中，仅是燕窝，就有六味。另外，还有几十种野味，包括鹿胎、熊掌、芦雁、雪地蟾等。

她常吃的“一品麒麟面”，是用麋鹿的头做的。

“明月照金凤”，是用鹿的眼珠做的。在制作时，为防止眼珠破裂，还要用六根细小的竹签，将其撑起。

“清汤虎丹”，是用虎的睾丸做的。虎来自小兴安岭，被捕来后，杀死切割，睾丸有小碗大；先熬鸡汤，待其微开不沸，放入睾丸，煮三个小时；取出后，剥去皮膜，放入调味汁水中；再用钢刀切成薄片，像纸一样；最后，将睾丸片入盘，摆成牡丹花，配上蒜泥、香菜末，呈给慈禧太后。

在同治皇帝早逝后，慈禧太后仍然在这些吃食上下功夫，似乎瞬间就把亲生儿子忘到脑后去了。

慈禧太后的无情，令人胆寒。但奇怪的是，慈禧太后对那位与她同时进宫的丽妃，却一直礼遇、厚待。

▲清朝宫廷喜食麋鹿肉，图为清朝画家改琦所绘的仕女与麋鹿

她把丽妃尊封为皇贵太妃，地位仅次于她，还好吃好喝地对待她。

清朝饮食注重祖宗之制，无论是用料、调和、烹饪，都程式化，有固定的标准。比如，做八宝鸭时，必须使用规定好的调料，少加、多加或更改，都要定罪。这使饮食发展变得规范化了，工艺化了，但也束缚了厨师的发挥。

尽管如此，在慈禧太后的关照下，丽太妃的吃食，依旧是顶尖的。

丽太妃死后，被葬于清东陵。墓葬居中、居前，位于最尊贵的位置。

看来，慈禧太后对于威胁不到自己地位的人，还是很温柔亲厚的。

扩展阅读

“寡妇菜”，是指单独的、未拼配的菜。清朝皇帝不吃寡妇菜，菜必须经过搭配，如“龙凤呈祥”：用水晶虾仁拼成龙形，用黄酒蒸鸭拼成凤形，既好看，又多营养。

◎养心殿的粒食

同治皇帝死后，慈禧太后为继续把持朝政，便把同治帝的堂弟载湉立为皇帝，史称光绪皇帝。

光绪皇帝即位时，不到四岁，还不懂事，慈禧太后待他亲近，衣食住行都照顾得很好。

尤其是一日三餐，极为丰富。仅是早餐，就有固定的100样小菜。此外，还有乳酪、小米粥、松饼等。

光绪皇帝吃得很快乐，以至于太监们不得不跪下来恳求他，别吃太多了，会伤身子。

慈禧太后请了两位名臣做帝师，光绪皇帝学得很认真。老师不在时，他也用功。

慈禧太后很高兴，夸他爱学习，坐着、站着、躺着都在诵书。

然而，随着皇帝逐渐长大，矛盾便出现了。

光绪皇帝想要强国除弊，进行变法，而这却威胁到了慈禧太后的权威。慈禧翻了脸，变法失败后，立刻借机把皇帝囚禁在瀛台。

▼清朝黄金酒壶

瀛台是一座水上岛屿，为防止皇帝与外界联络，慈禧太后下令，将围墙修成双层，将桥修成可移动式，能随用随拆。

在桥头，她还设下了一个监视房，让太监监视皇帝。

光绪皇帝感觉失去了希望，原本身体不好，现在更是身心交瘁了。

他总是失眠，吃不下饭，面色苍白，神经衰弱，处于极度抑郁中，并伴随遗泄、头疼发热、脊骨痛等症。

公元1900年，八国联军入侵中国，慈禧

▲金托玉爵，宫廷酒器

▲清朝石榴酒壶，为茄紫色，浓艳欲滴

▲清朝的酒杯，名“金瓯永固”，象征江山永固

太后挟皇帝逃往西安。在逃离前，她想起曾经支持皇帝变法的珍妃，把珍妃投入井中淹死了。

光绪皇帝的心也随之死了。

当慈禧太后与列强签订了丧权辱国条约后，他们返回了北京城，但光绪皇帝犹如木偶，很少说话了。即便慈禧太后示意他表个态，他也不过挤出一句半句。

光绪皇帝仍然受慈禧太后的严密监视，但他不在乎了。每天，除了钻研各国的法律书籍，他几乎什么也不做。

公元1908年正月初一，雪花飘在紫禁城上空，空气凉飕飕的。养心殿里尚还暖乎，按照惯例，光绪皇帝要在那里用早膳。

御膳房送来的主食中，有熇米粥、粳米粥、果子粥、豆腐浆粥，还有猪肉菠菜饺子、枣糖糕等。

中午时，粳米粥、豆腐粥、高粱米粥、荷叶粥，又送了来。另有白肉大馒头、白蜂糕等。

晚膳时，仍有熇米粥、粳米粥、果子粥、高粱米粥。

在这些主食中，粒食很多。早膳时，粒食占50%；午膳时，粒食占60%；晚膳时，粒食占100%。

粒食，就是粒状的饭；饭，主要指干饭。

粒食出现很早，远古时，原始人把谷粒破壳，取出米，放在石头上炙熟，叫炙米，也叫烤米，不好消化。

还有人把麦穗放在干草堆上，点燃干草，让谷粒脱壳，落到灰烬中；之后，拨开灰，取出米，用两手搓，把灰吹去，咀嚼起来很香。这叫燔谷。

后来，古人又用火将米烘干，叫熇米。

光绪皇帝在初一这天吃的早膳和晚膳中，就有煏米煮的粥。

煏米作为御膳出现，说明粒食的发展已经很精细了。

▲清朝江苏淮阴知府李源所绘捕蝗图册，显示出清朝的粒食生产已极具规模

可是，无论多么精细，光绪皇帝也根本吃不下去。他没有心情，也没有胃口，病也没好，只略略吃了几口。

过了大半年，他的病势更加沉重。10月时，慈禧太后也病了。

光绪皇帝觉得，自己虽然病重难活，但慈禧太后年迈，应该会死在他前面。因此，他决定，等慈禧太后一死，他就斩杀李莲英等奸佞之人。

他把这个决定写在了日记里，不料，太监李莲英窃取到了，添油加醋地报告给了慈禧太后，说皇帝想死在她后面。

慈禧太后一听，又气又恨，发誓自己绝不死在皇帝前面。

结果，在11月14日这天，光绪皇帝便“驾崩”了，体内残留着砒霜。很快，慈禧太后也去世了。

扩展阅读

酪，奶制、酸性调料。先秦时，用它祭祀，或煮鸡。明清时，酪变成了小吃。《红楼梦》中，王妃赐贾宝玉一道“糖蒸酥酪”，就是加糖的牛奶，也有学者考证为酸奶。

◎菜的排场

溥仪是清朝的末代皇帝。他即位在一个动荡的时代，命运曲折离奇。

他登上龙椅刚两年，辛亥革命就爆发了，南北内战也打成一团，国内乌烟瘴气，一片混乱。

军阀袁世凯一心想当大总统，软硬兼施，胁迫溥仪退位。

溥仪年幼，由隆裕皇太后做主。太后不堪重压，同意退位。

袁世凯便许诺，每年支付皇室生活费，让溥仪暂居紫禁城。

消息传来，清朝大臣张勋大惊，深为愤恨。他冒着生命危险，率领4000人入京，发动了兵变。

▼穿着朝服的末代皇帝溥仪

结果，兵变成功，溥仪又坐上了龙椅。

12岁的溥仪非常兴奋，在养心殿大封群臣。

然而，危险时刻都在。一日，一架战机飞到紫禁城上空，投下了炸弹，击中了延禧宫。

这是东亚历史上的第一次空袭。

11天后，大臣张勋遭到攻击。兵败后，张勋逃到了荷兰大使馆。

溥仪再次退位了。

尽管世相纷乱，但紫禁城的皇室标准却还在维持着。

溥仪仍有帝师——英国军官庄士敦。庄士敦悉心教他英文、数学、地理、世界史等，让他眼界大开。

他剪了辫子，穿了西服，有时还出宫坐汽车、逛街。

御膳房也一如既往地伺候他，他似乎并未感觉有什么不妥。

一日早起，他饿了，便嘀咕了一声——“传膳”。身边的小太监一听，马上向殿上太监说了一声“传膳”，殿上太监又把话传给门外的太监，门外的太监又传给西长街的御膳房太监……就这样，一个传一个，一直传进了御膳房。

不等回声消失，一支队伍就出来了：几十个太监抬着几张膳桌，捧着几十个朱漆盒，浩浩荡荡地向养心殿奔来。

小太监接过饭食，在东暖阁摆好。

每个碟、碗内，都有一个银牌，为了检测是否被下毒。

溥仪坐在桌前，准备进食。一个太监赶紧过来，把他要吃的菜尝一下，再次确定无毒。

之后，溥仪才举起筷子。

隆裕太后的菜，要用六张膳桌才能摆下。溥仪的菜，比太后少，但也有30多种，如口蘑肥鸡、黄焖羊肉、羊肉炖菠菜豆腐、樱桃肉山药、驴肉炖白菜、羊肉片氽小萝卜、鸭条溜海参、卤煮豆腐、五香干片等。

溥仪只吃离他最近的菜，因为他知道，离他远的菜，都是摆样子的，并不好吃。

为体现皇帝至高无上的地位，御膳房每餐都要准备很多菜，为此，要提前半天或一天做好，然后，煨在火上等候，等上菜时，便把这些菜摆在远处，只为一个排场。

御膳房有5个局（荤局、素局、挂炉局、点心局、饭局）、75个人，专为溥仪一人做饭，但溥仪毫不买账，评价说，华而不实，费而不惠，营而不

▲耕织图刻石拓片，农人正在耕地

▲耕织图刻石拓片，农人正在耕耘

▲耕织图刻石拓片，农人正在插秧

▲耕织图刻石拓片，农人正在收割粒食

▲皇室所用金玉酒壶

▲宫廷所用白玉酒樽

▲清朝菱花形酒杯、托盘

养，淡而无味。

尽管如此，他还是留恋他的帝位。只是，随着局势越发紧张，他觉得必须做点儿准备了。

他开始打着鉴赏的旗号，调阅宫里的秘藏书画，然后让弟弟转移到宫外，以备不时之需。

这种秘密的转移，进行了73天，共有1300多件稀世珍品被送出，其中包括《清明上河图》。

之后，溥仪稍稍安定，每日读书、吟诗、作画、弹琴，并捏泥人、养狗、养鹿。

公元1924年11月5日，军阀冯玉祥带兵闯入紫禁城，逼迫溥仪离宫。

溥仪就此终结了他的紫禁城生涯。

扩展阅读

清朝学者推崇本味，认为一物有一物之味，不可混同；还认为肥羊嫩鸡比不上笋、莼菜等；并提出，笋适合水煮，味鲜。很多人都表示赞同，但真正吃的人却很少。

图书在版编目（CIP）数据

祖先的生活·饮食，舌尖上的文化 / 孙波著. --哈尔滨：黑龙江教育出版社，2014. 4

ISBN 978-7-5316-7352-1

Ⅰ. ①祖… Ⅱ. ①孙… Ⅲ. ①饮食-文化史-中国-青少年读物

Ⅳ. ①TS971-49

中国版本图书馆CIP数据核字（2014）第075058号

饮食，舌尖上的文化

YINSHI，SHEJIAN SHANG DE WENHUA

作　　者	孙　波
选题策划	彭剑飞
责任编辑	宋舒白　彭剑飞
装帧设计	琥珀视觉
责任校对	徐秀梅
出版发行	黑龙江教育出版社（哈尔滨市南岗区花园街158号）
印　　刷	永清县晔盛亚胶印有限公司
新浪微博	http://weibo.com/longjiaoshe
公众微信	heilongjiangjiaoyu
E-mail	heilongjiangjiaoyu@126.com
开　　本	700×1000　1/16
印　　张	19.75
字　　数	216千
版　　次	2015年7月第1版　2020年10月第3次印刷
书　　号	ISBN 978-7-5316-7352-1
定　　价	36.00元